高等学校信息管理学专业系列教材

大数据处理：
从采集到可视化

余肖生 陈 鹏 姜艳静 编著

U0250386

WUHAN UNIVERSITY PRESS
武汉大学出版社

图书在版编目(CIP)数据

大数据处理:从采集到可视化/余肖生,陈鹏,姜艳静编著.—武汉:
武汉大学出版社,2020.7(2023.2 重印)
高等学校信息管理学专业系列教材
ISBN 978-7-307-21514-6

Ⅰ.大…　Ⅱ.①余…　②陈…　③姜…　Ⅲ.数据处理—高等学
校—教材　Ⅳ.TP274

中国版本图书馆 CIP 数据核字(2020)第 084168 号

责任编辑:詹　蜜　　　责任校对:李孟潇　　　版式设计:马　佳

出版发行:**武汉大学出版社**　(430072　武昌　珞珈山)
　　　　(电子邮箱:cbs22@ whu.edu.cn　网址:www.wdp.com.cn)
印刷:湖北恒泰印务有限公司
开本:720×1000　1/16　印张:14　字数:229 千字　　插页:1
版次:2020 年 7 月第 1 版　　2023 年 2 月第 2 次印刷
ISBN 978-7-307-21514-6　　定价:38.00 元

前　言

　　《中国互联网络发展状况统计报告》(2019 年 2 月)报道：截至 2020 年 3 月，我国网民规模为 9.04 亿，互联网普及率达 64.5%；我国手机网民规模达 8.97 亿，全年新增手机网民 7992 万；网民中使用手机上网的比例由 2018 年底的 98.6% 提升至 2019 年底的 99.3%，手机上网已成为最常用的上网渠道之一。移动互联网技术的发展使得网民既是信息的消费者，又是信息的生产者。现在我们在生活中能接触的多元化的信息量远比人类历史上任何一个时刻都多，并且信息产生的速度也在不停地成倍增长，我们已经进入了大数据时代。

　　世界著名的未来学家约翰·奈斯比特曾在其著作《大趋势》中写道："我们虽然淹没在信息的海洋中，但是却渴求所需的知识。"尽管信息与通信技术(Information and Communication Technology，ICT)发展迅速，但"数据烟囱""信息孤岛"等仍然存在，这些都影响了各级组织利用数据为其决策服务的水平。高效采集、有效融合、合理开发和利用各类大数据已经成为克服这一障碍的有效手段。

　　本书共分为 9 章：第 1 章数据采集，主要介绍了大数据的概念、类型及其特征，常见的数据采集方法；第 2 章数据清洗，主要讨论了数据质量的维度，数据可能存在的质量问题，常见的数据清洗方法，并通过实例介绍如何使用数据清洗方法清洗数据以提高数据的质量；第 3 章数据 ETL，重点介绍了高校特聘教授蒋彬博士提出的 MGO 方法，此方法能有效地解决数据 ETL 的一些问题，提高数据 ETL 的效率；第 4 章数据存储，主要介绍了大数据时代的一些主流数据存储平台和相关技术，如：Hadoop、Spark 等平台和 NoSQL 等技术；第 5 章回归算法，主要介绍了线性回归、决策树回归、随机森林回归、梯度提升回归树等，在介绍原理的同时，也介绍了其实现的主要步骤以及相应的 Python 语言实现代码；第 6 章分类算法，主要介绍了逻辑回归二分类和多分类、Softmax 回归多分类、决策树分类、随机森林分类、梯度提升分类树、贝叶斯分类、支持向量机分类等，在介绍其实现原理的同时，也介绍了其实现的主要步骤以及相应的 Python 语言实现代码；第 7 章聚类算法，主要介绍了分割聚类、层次聚类、基于密度的聚类、基于网格的聚类、基于模型的聚类等主流算法，本章侧重介绍其实现原理；第 8 章推荐算法，主要介绍了基于关联规则的推荐、基于内容过滤的推荐、基于协同过滤的推荐等主流方法，本章侧重介绍其实现原理及实现步骤；第 9 章数据可视化的关键技术，主要介绍了数据的降维、可视化隐喻、可视化显示及相关的交互技术，最后比较了信息可视化与知识可视化的异同。

本书的主要参编人员都是高校从事教学与研究的一线教师，主要有余肖生、陈鹏、姜艳静等。除此之外，胡孙枝、何凯、徐明亮、马腾俊、宋锦、江川、鲍天嘉智等研究生参加了本书部分章节初稿的撰写。

本书的出版得到了"三峡大学学科建设项目"的资助（"The Publication of the Book is Supported by the Project of Discipline Construction in CTGU"）。编写的过程中，直接和间接地参考和引用了国内外许多研究成果、网页的有关观点、数据信息等，我们以参考文献的形式列于每章末，有的因篇幅关系，没有一一列出，在此，对上述作者一并表示深深的谢意！

由于编者水平有限，加之时间仓促，书中如有差错和疏漏之处，敬请读者批评指正！

编者

目　　录

第 1 章　数据采集

1.1　大数据概念

　　到目前为止，大数据还没有公认的统一的定义。研究机构 Gartner 认为，"大数据"是需要新处理模式才能具有更强的决策力、洞察发现力和流程优化能力的海量、高增长率和多样化的信息资产。麦肯锡认为，"大数据"是指其大小超出了典型数据库软件的采集、储存、管理和分析等能力的数据集，具有海量的数据规模、快速的数据流转、多样的数据类型和价值密度低四大特征。《促进大数据发展行动纲要》(国发〔2015〕50 号)指出，大数据是以容量大、类型多、存取速度快、应用价值高为主要特征的数据集合。《大数据白皮书(2014 年)》认为，大数据是具有体量大、结构多样、时效强等特征的数据；处理大数据需采用新型计算架构和智能算法等新技术；大数据的应用强调新的理念应用并辅助决策，发现新的知识，更强调在线闭环的业务流程优化。

　　要系统地认知大数据，可以从理论、技术、实践等 3 个层面来理解，如图 1-1 所示。

　　理论层面主要是从大数据的特征定义理解行业对大数据的整体描绘和定性；从对大数据价值的探讨来深入解析大数据的珍贵所在；洞悉大数据的发展趋势；从大数据隐私这个特别而重要的视角审视人和数据之间的长久博弈。

　　技术层面主要探讨利用云计算、分布式处理技术、存储技术和感知技

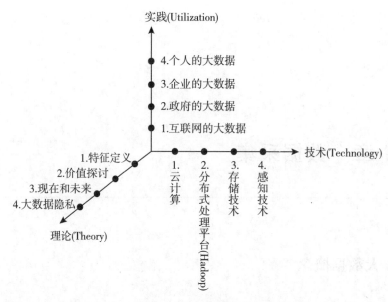

图 1-1　大数据的认知

术等完成大数据采集、处理、存储到结果可视化的整个过程。

实践层面主要从互联网的大数据、政府的大数据、企业的大数据和个人的大数据四个方面来描绘大数据已经展现的美好景象及即将实现的蓝图。

1.2　大数据类型及特征

大数据来源复杂，形式多种多样。从不同的角度，大数据可分为不同的类型。从数据来源上分，大数据可分为交易大数据、社交大数据、科研大数据等；从数据格式上分，大数据可分为文本、图形、图像、声音、视频等；从数据关系上分，大数据可分为结构化数据、非结构化数据和半结构化数据等；从数据所有者上分，大数据可分为社会数据、政府数据和公司数据等；从数据生成类型来分，大数据可分为交易数据、交互数据和传感数据等。

关于大数据的特征，国际数据公司（IDC）将其归纳为 4 个"V"（Volume：体量，Variety：多样，Value：价值，Velocity：速度），即数据体量巨大，达到 TB 级以上；数据类型繁多，既有结构化数据，又有非结构化数据和半结构化数据；价值密度低，商业价值高；处理速度快。荷兰学者 Yuri Demchenko 在上述 4 "V" 的基础上，增加了 Veracity（即：真实性）特征，从而提出了大数据的 5 "V" 特征，如图 1-2 所示。

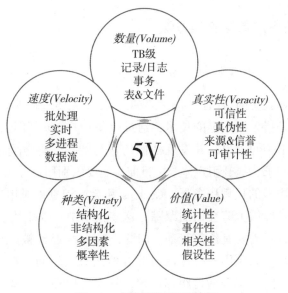

图 1-2　大数据的 5 "V" 特征

1.3　数据采集方法

1.3.1　问卷调查方法

问卷调查法是调查者就某些问题向有关人员（被调查者）发放调查表（问卷），填妥回收后可直接获取调查对象的有关信息的方法。它主要包括问卷设计、数据收集、统计分析等步骤。

问卷调查法的优点主要有：

- 问卷法节省时间、经费和人力；
- 问卷法具有很好的匿名性；
- 可以避免偏见、减少调查误差；
- 问卷资料便于定量分析和处理。

3

问卷调查的缺点主要有：

- 对被调查者的文化水平有一定的要求；
- 回答率往往难以保证；
- 不能保证填答问卷的环境和填答质量。

1.3.2　网络用户数据收集方法

1.3.2.1　用户识别和会话识别

为了有效地收集网络用户的相关数据，必须先要进行网络用户的识别。所谓用户识别是指采用一定的技术，通过收集用户 ID、邮箱、性别、年龄等，以便识别出不同用户，并发现他们的行为特征、兴趣爱好等，便于更好地把握用户需求，提升用户体验。目前，主要识别用户方法有 5 种：软件代理、登录、增强的代理服务器、Cookies 和会话识别。对用户而言，这些方法是透明的且提供了跨会话的跟踪。这些技术中，Cookies 具有最小侵入性且对用户而言不需要有任何行动。因此，Cookies 已经被广泛使用并且能有效地识别用户。如果用户已经注册并且他们每次访问时都登录，那么就可以在计算机之间和跨会话地跟踪用户，从而可以在一个基于登录的系统中精确和一致地获得识别用户。一个折中的方法是使用 Cookies 记录当前的会话并且用户选择在一个网站注册，则提供可选择的登录服务。

前三个技术更精确，但它们需要用户的积极参与。软件代理是驻留在用户计算机上的一些小程序，通过一些协议与服务器收集并共享它们的信息。识别用户时，这种方法在协议和应用的实施方面有更多的控制，因此它是最可靠的。然而，为了安装桌面软件，它要求用户参与。第二个最可靠的方法是基于登录的方法。因为用户登录时自我识别通常是正确的，用户可以从多种物理地点使用相同的兴趣模型。另一方面，用户必须通过注册程序创建一个账户，每次访问网站时，都要登录和退出系统。增强的代理服务器也可以提供较精确的用户识别。然而，它有一些不足。它需要用户在代理服务器上注册他们的计算机。因此，通常能够从一个地方连接并识别用户。

后面两个技术是侵入性最小的方法。当一个浏览器客户端第一次连接到系统时，一个新的用户名(user id)就产生了。这个用户名被储存在用户计算机的一个 Cookie 中。当他们从同一计算机上再次访问同一网站时，该机就使用相同的用户名，这就减轻了用户的负担。然而，如果用户使用多台计算机，每一个计算机上都有一个单独的 Cookie，这样都有一个单独的用户数据。如果这台计算机被多个用户使用，且所有用户共享相同的用户名，则将共享相同的但不准确的用户数据。最后，如果用户清除了他们的 Cookies，用户数据将一并丢失，因此就无法识别与跟踪用户。会话识别与用户识别是相似的，访问中用户名没有存储，每个用户从头开始每个会话，但访问期间的行为被跟踪。在这种情况下，不能建立一个永久的用户数据，但会话期间的更新是可能的。

识别用户的 5 种方法，其优缺点如表 1-1 所示。

表 1-1　　　　　　　　　**识别用户的五种方法的优缺点比较**

方法	优点	缺点
软件代理	最可靠	需要用户参与； 要求用户使用同一台计算机
登录	精确、可靠；能从不同地点的不同计算机使用相同的用户数据	用户需要注册； 每次访问网站时，都要登录和注销
增强的代理服务器	较准确	需要用户在代理服务器上注册他们的计算机
Cookies	用户无负担	用户使用多台计算机，Cookies 将存放于多台计算机上； 多个用户共用一个用户 ID 使用同一台计算机，Cookie 记录的不准确； 用户清除他们的 Cookies，用户兴趣数据一并丢失
会话识别	可获得最新的用户兴趣	不能建立稳定的用户数据； 边会话边获取

除了上述五种方法外，Web 使用挖掘也能识别用户和会话。为了增强 Web 使用挖掘的有效性，拥有客户会话级的行为数据是必要的。因此在识别这些会话之前，必须能够识别用户。而当多个用户通过代理或防火墙访问 Web 服务器时，日志中记录的用户标识信息是完全相同的。此问题的解

决有两个层次：一是要识别出那些同一个客户在一次浏览中为了建立会话而发出的页面请求；二是识别在多次站点浏览中的同一客户，使分析客户在数天、数月甚至数年的行为成为可能。最好的办法是让客户进行用户名和密码确认后才能进入网络站点。会话是同一个用户在一次有效访问期间请求一系列网页显示决定的过程，它反映了一个用户在网站的访问行为和浏览兴趣。会话识别的目的就是将用户的访问行为划分成会话（Session）过程，因为在较长一段时间里，用户有可能多次访问了该站点。一般采用超时机制来区分用户会话，即设置一个超时时限 T，如果两次请求时间的差值超过该 T 就认为用户开始了一个新的会话。

用户数据可以基于与个人用户有关的、有相似兴趣或类似导航行为的一群用户的异构信息。总体上说，用户配置文件的构建技术可根据输入的类型来划分，主要有显性反馈、隐性反馈和混合方式。

1.3.2.2 显性用户信息采集

显性用户信息采集方法，通常称作显性用户反馈，它依赖于用户以 HTML 等格式输入的个人信息。收集的数据可能包含生日、婚姻状况、工作或个人的利益等。除了简单的复选框和文本域，一般的反馈技术是允许用户从下拉列表或在某一范围内选择一个值来表达他们的看法。这些方法都有缺陷，即花费用户的时间和需要用户的参与。如果用户不愿意提供个人信息，关于他们的用户数据将无法收集。

许多网站收集用户偏好以定制接口。这些定制化服务可以看成在网上提供个性化服务的第一步。为了提高信息的可访问性，对每个用户偏好的收集都可以被看作一个用户数据以及适应这些应用程序提供的服务。例如：MyYahoo! 明确要求用户提供创建用户数据的个人信息。然后，根据用户数据该网站将自组织相关内容。

基于显性反馈的更复杂的个性化项目都聚焦于导航功能上。早期，它们基于显性反馈推荐用户感兴趣的网页。系统根据用户浏览网页的一些链接推断并推荐他可能会感兴趣的页面上的其他链接。此外，系统也能建构起一个查询并检索可能匹配用户兴趣的网页。

显性反馈的一个问题是额外增加了用户的负担。例如，或因为个人隐私，用户可以选择不参加。用户可能无法准确报告自己的兴趣或人口资料，或者，由于用户数据是静态的，随着时间的推移，用户的兴趣可能已经改变，用户数据保存的仍然是以前的兴趣，因此这些用户数据变得越来越不准确。而另一方面，在某些情况下，用户乐于提供、分享他们的基本信息。

1.3.2.3　隐性用户信息采集

用户数据常常利用隐性收集信息的方式来构造，因此常被人们称为隐性用户反馈。该技术的主要优点是在构建用户数据过程中不需要任何额外的介入，关于用户的典型信息从用户的行为中可以推断出来。表 1-2 总结了隐性用户信息收集技术，每个方法所能收集信息的类型，收集信息的广度等内容。因为只需要一次安装，不需要在用户桌面开发和安装新的软件，若仅跟踪浏览活动，代理服务器似乎是一个很好的折中方案，因为它容易获取用户的信息，而不增加用户的负担。某些情况下，在提供个性化服务的网站上捕捉用户行为也是一种选择。它要求用户没有特殊行为，但并非所有个性化网站让任一用户都可创建有用的用户数据。

表 1-2　　　　　　　　　　　　隐性用户信息收集技术

采集技术	采集的信息	信息的广度	优缺点	实例
浏览器缓存 （Browser Cache）	浏览历史	所有网站	优点：用户无须安装其他软件； 缺点：用户必须定期上传缓存内容	OBIWAN
代理服务器 （Proxy Servers）	浏览行为	所有网站	优点：用户能够经常浏览； 缺点：用户必须使用代理服务器	OBIWAN Trajkova
浏览器代理 （Browser Agents）	浏览行为	任何个性化应用	优点：代理能采集所有 Web 行为； 缺点：需安装软件且用户浏览时使用新的应用	Letizia WebMate Vistabar
桌面代理 （Desktop Agents）	所有用户行为	任何个性化应用	优点：所有用户文件和行为均可用； 缺点：用户需安装软件	Seruku Surfsaver Haystack Google desktop

续表

采集技术	采集的信息	信息的广度	优缺点	实例
网络日志 （Web Logs）	浏览行为	登录过的 网站	优点：可采集多个用户的信息； 缺点：从同一网站上采集的信息可能较少	Mobasher
查询日志 （Search Logs）	查询	搜索引擎 站点	优点：便于采集和使用同一站点的信息； 缺点：要求登录；可能获得的信息较少	Misearch

1.3.3 系统日志采集方法

1.3.3.1 Hadoop 的 ChuKwa

Chukwa 是一个开源的数据收集系统，主要用于监控大型分布式系统，其工作流程如图 1-3 所示。它构建在 Hadoop 的 HDFS（Hadoop Distributed File System：Hadoop 分布式文件系统）和 Map/Reduce 框架之上，并继承了 Hadoop 的可扩展性和鲁棒性。Chukwa 还包含了一个强大和灵活的工具集，可用于展示、监控和分析已收集的数据。

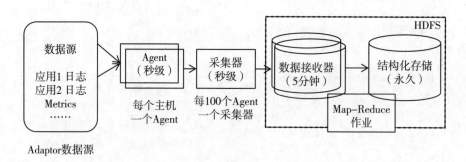

图 1-3 Chukwa 的工作流程

Chukwa 中主要有 3 种角色，分别为：数据源（Adaptor）、代理（Agent）、采集器（Collector）。Adaptor 数据源：主要有 Hadoop logs、应用程序度量数据等，同时它也可封装诸如 unix 命令行等其他数据源。HDFS 作为 Chukwa

的存储系统，其小并发、高速写和大文件存储的特点与日志文件存储要求的高并发、低速写和大量小文件存储的特点不一致。为了克服这一问题，在 Adaptor 数据源与 HDFS 之间增加了代理（Agent）和采集器（Collector）。Agent 主要为 Adaptor 数据源提供启动和关闭 Adaptor、定期记录 Adaptor 状态等服务，要求每台主机对应一个 Agent。Collector 主要用于合并来自多个数据源的数据，并加载到 HDFS 中，同时，它也隐藏 HDFS 实现的细节，这样即使今后 HDFS 版本发生变更，工程师只需要修改采集器。

1.3.3.2　分布式日志收集组件：Flume

Flume 是一个分布式、高可靠和高可用的服务，可以高效地收集、聚合和传输海量日志数据。它有一个基于流数据流的简单而灵活的架构。它具有鲁棒性和容错能力。它利用一个简单的可扩展数据模型，允许数据的在线分析。

Agent 主要由数据源（source）、数据缓存区（channel）、数据接收器（sink）3 个组件组成，如图 1-4 所示。数据源（source）主要接收来自数据发生器的数据，并将接收的数据以 Flume 的 event 格式传递给一个或者多个数据缓存区，Flume 提供 Avro、Thrift 等多种数据接收方式。数据缓存区（channel）是一种暂时的存储容器，它将从数据源（source）处接收到的 event

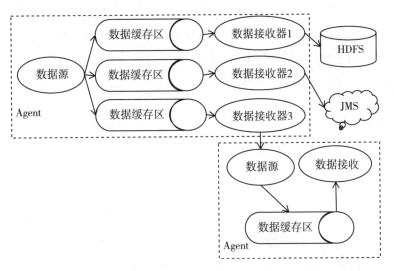

图 1-4　Agent 组件图

格式的数据缓存起来，直到它们被数据接收器(sink)接收。数据缓存是一个完整的事务，可以确保数据在收发时的一致性，并且它可以和任意数量的数据源和数据接收链接。其可以支持 JDBC channel、File System channel 等类型。数据接收(sink)主要将数据缓存区的 event 格式数据传递到另一个数据接收器，或直接存储到 HDFS 等集中存储器。

1.3.3.3 淘宝：TimeTunnel

TimeTunnel(简称 TT)是一个基于 thrift 通信框架搭建的实时数据传输平台，具有高性能、实时性、顺序性、高可靠性、高可用性、可扩展性等特点(基于 Hbase)，其工作原理如图 1-5 所示。

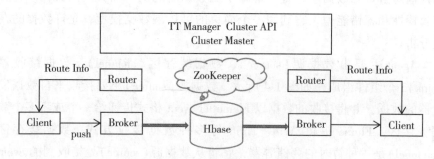

图 1-5 淘宝 TimeTunnel 的工作流程

目前 TimeTunnel 在阿里巴巴广泛地应用于日志收集、数据监控、广告反馈、量子统计、数据库同步等领域。

整个系统大概有 5 个部分：TT Manager，Client，Router，Zookeeper，Broker。

TT Manager：对外负责提供队列申请、删除、查询和集群的管理接口；对内负责故障发现，发起队列迁移。

Client：用户访问 TimeTunnel 的接口，通过 client 用户可以向 TimeTunnel 发布消息、订阅消息、安全认证等。

Router：访问 TimeTunnel 的门户，并提供安全认证、服务路由、负载均衡等 3 个功能。Router 知道每个 Broker 的工作状态，Router 总是向 Client 返回正确的 Broker 地址。Client 访问 TimeTunnel 时，先向 Router 进行安全认证，如果认证通过，Router 根据 Client 要发布或者订阅的 topic 对 Client 路由，使 Client 和正确的 Broker 建立连接，路由的过程包含负载均衡策略，Router 保证让所有的 Broker 平均地接收 Client 访问。

Zookeeper：是 Hadoop 的开源项目，其主要功能是 TimeTunnel 的状态同步，Broker 和 client 的增加/删除 Broker 环、环节点的增删、环对应的 topic 增删、系统用户信息变化等状态都存储于此。Router 通过 Zookeeper 感知系统状态变化。

Broker：TimeTunnel 的核心，负责消息的存储转发，承担实际的流量，并进行消息队列的读写操作。Broker 以环的形式组成集群，可以通过配置告知 Router 哪些数据应该被分配到哪个集群，以便 Router 正确路由。环里面的节点是有顺序的，每个节点的后续节点备份自己的节点，当节点故障时，可以从备份节点恢复因故障丢失的数据。

1.3.4　网络数据采集方法

网络数据采集主要通过网络爬虫来实现，其原理如图 1-6 所示。其主要由搜索器、分析器、索引器、检索器等组成。

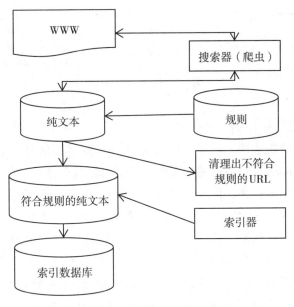

图 1-6　网络爬虫原理

11

（1）搜索器

搜索器的结构如图 1-7 所示，其主要功能是在互联网中漫游、发现和搜集信息。它通常是一个遵循一定协议的计算机程序，即蜘蛛程序（Spider）。它日夜不停地运转，要尽可能多、尽可能快地抓取网页，搜集各类信息。在 Internet 中信息是用 HTML 语言描述的，不同的 HTML 页面通过其中所包含的超级链接互相连接，这些超级链接以 URL(Uniform Resource Locator，信息资源的标准通用地址）的方式被表示出来。Spider 程序从一个起始的 URL 集开始，顺着 URL 中的超链接（Hyper Link）以宽度优先、深度优先或启发式方式循环地在互联网中搜集信息。

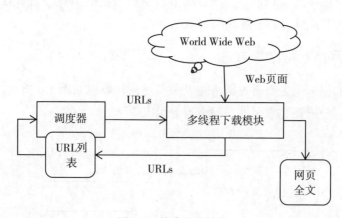

图 1-7　搜索器的结构

（2）分析器

分析器即分析程序，功能是理解搜索器所搜索的信息。它通过一些特殊算法，从 Spider 程序抓回的网页源文件中抽取出索引项。索引项有形式索引项和内容索引项两种：形式索引项如作者名、URL、更新时间、编码、长度、链接流行度（Link Popularity）等；内容索引项是用来反映文档主题内容的，如关键词及其权重、短语、单词等。内容索引项可以分为单词索引项和多词索引项（或称词组索引项）两种。单词索引项对于英文来讲是英语单词，比较容易提取，因为单词之间有天然的分隔符（空格）；对于中文等连续书写的语言，必须进行词语的切分。还要给内容索引项赋予不同权值，以表明这些与网页内容的相关程度，以判断网页内容。

（3）索引器

索引器将生成从关键词到 URL 的关系索引表。索引表一般使用某种形式的倒排表（Inversion List），即由索引项查找相应的 URL。索引表也可能要记录索引项在文档中出现的位置，以便检索器计算索引项之间的相邻关系或位置关系（proximity），并以特定的数据结构存在硬盘上。索引器可以使用集中式标引算法或分布式标引算法。当数据量很大时，必须实现即时索引（instant indexing），否则不能够跟上信息量急剧增加的速度。标引算法对索引器的性能（如大规模峰值查询时的响应速度）有很大的影响。一个搜索引擎的有效性在很大程度上取决于索引的质量。

（4）检索器

检索器的主要功能是根据用户输入的关键词，在索引器形成的倒排表中进行查询，同时完成页面与查询之间的相关度评价，对将要输出的结果进行排序，并提供某种用户相关性反馈机制。检索器常用的信息检索模型有集合理论模型、代数模型、概率模型和混合模型 4 种。

本章参考文献：

［1］Mckinsey Global Institute. Big Data：The Next Frontier for Innovation，Competition，and Productivity［R］. May，2011.

［2］大数据是什么？一文让你读懂大数据［EB/OL］. http：//www. thebigdata. cn/YeJieDongTai/7180. html.

［3］陈庄，刘加伶，成卫. 信息资源组织与管理（第 2 版）［M］. 北京：清华大学出版社，2011.

［4］袁方，王汉生. 社会研究方法教程［M］. 北京：北京大学出版社，1997.

［5］Gauch S，Speretta M，Chandramouli A，Micarelli A. User Profiles for Personalized Information Access［M］//Brusilovsky P，Kobsa A，Neidl W，eds. The Adaptive Web：Methods and Strategies of Web Personalization. Springer，Berlin，2007.

［6］陈宝树，党齐民. Web 数据挖掘中的数据预处理［J］. 计算机工程，2002（7）：125-127.

［7］方成效，袁可风. Web 日志挖掘的数据预处理研究［J］. 计算机与现代化，2006（4）：79-81.

[8] Gordon S Linoff，Michael J，Berry A. Web 数据挖掘：将客户数据转化为客户价值[M]. 北京：电子工业出版社，2004.

[9] Apache Chukwa[EB/OL]. http：//chukwa. apache. org/.

[10] Apache Flume[EB/OL]. http：//flume. apache. org/.

[11] Flume NG[EB/OL]. https：//cwiki. apache. org/confluence/display/FLUME/Flume+NG.

[12] 淘宝开源 TimeTunnel 入门文档[EB/OL]. http：//code. taobao. org/p/TimeTunnel/wiki/system-architecture/.

[13] 淘宝实时数据传输平台：TimeTunnel 介绍[EB/OL]. https：//yq. aliyun. com/articles/4676.

[14] 周宁，吴佳鑫. 信息组织(第 3 版)[M]. 武汉：武汉大学出版社，2010.

第2章　数据清洗

2.1　数据质量维度

大数据的来源多种多样，包括企业内部数据、互联网数据和物联网数据，不仅数量庞大、格式不一，而且质量也良莠不齐。为了便于后续的分析，必须对收集的数据进行有效清洗，以保障数据质量。

数据质量的定义目前还没有统一定论。不同的研究人员和研究机构给出了不同的定义，但大家一致认可的是：数据质量是一个多维概念。数据质量维度是数据质量的评价标准。为了评价数据的质量，在数据质量定义的基础上建立了数据质量维度，如图2-1所示，作为衡量数据质量的基础。

完备性：数据的完备性确保提供的数据能满足用户的期望且数据是可用的。必须注意的是，尽管数据可能是不可用的，但如果数据能够满足用户的期望，它仍然可被视为完备的。

相容性：为了使数据保持相容，整个企业中的数据应彼此协调，且与其他的数据集没有任何冲突。

有效性：这里指数据的正确性和合理性。

一致性：数据一致性意味着在特定的格式下数据值是一致的。

准确性：如果数据能正确反映现实世界的对象或一个被描述的事件，那么数据是准确的。若产品、人名或地址被不正确地拼写，这些数据迟早会影响操作和分析应用。

完整性：数据的完整性是指数据的可信赖性。如果数据丢失重要的关

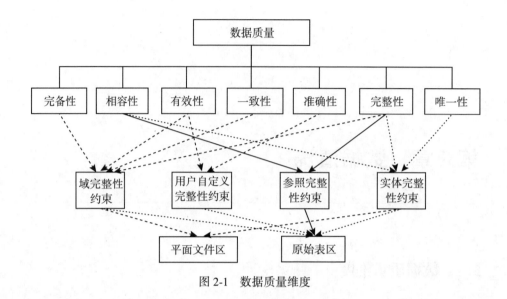

图 2-1　数据质量维度

系连接，不能把相关记录连接在一起，那么它可能会在不同系统之间产生冗余。

　　唯一性：数据唯一性主要用来避免不必要的数据重复。

　　数据仓库的数据质量与数据库的完整性约束存在着密切的关系。从图 2-1 可以看出：数据库的域完整性约束对数据仓库的完备性、有效性、一致性和完整性等数据质量维度有较明显的影响；用户自定义完整性约束与有效性和准确性等数据质量维度联系紧密；参照完整性约束对相容性和完整性等数据质量维度会产生很大的影响；实体完整性约束往往与相容性、完整性和唯一性等数据质量维度有很大关联。数据质量维度与数据库完整性约束之间的关系没有明显的界线，同一个完整性约束可能同时影响多个数据质量维度，而同一个数据质量维度也可能同时受多个完整性约束影响。

2.2　数据预处理之数据可能存在的问题

　　数据处理和分析的全过程都存在或多或少的数据质量问题，而在数据预处理阶段，这一问题则更为突出，对整个数据质量的影响也更加明显。数据预处理中可能存在如下几个方面的数据质量问题。

（1）数据不完整

数据不完整是数据预备域中存在的主要问题之一，包括记录的缺失、字段信息的缺失、记录不完整等。数据中的值缺失、列缺失，源数据校验标准的缺乏以及未定义或不明确定义的参照完整性都是数据不完整的表现。此外，未指明值域和数据类型也很大程度地影响了数据的完整性。

（2）数据不一致

数据不一致主要体现在系统之间或功能模块之间的记录不一致、编码不一致、引用不一致等。此外，数据类型不一致、数据描述不清晰、信息句法和数据语义不明确以至于无法捕捉真实值也会产生数据不一致。

（3）数据错误

数据错误主要体现在数据类型错误、数据范围越界、数据违反业务规则等。另外，数据采集和数据运算的错误也是导致数据错误的主要原因。

（4）数据不准确

数据不准确是导致数据质量低下的原因之一，主要表现在数据源中使用了近似值或替代值，数据值不符合字段描述和商业规则等。

（5）时效性问题

同一个数据源中可能由于没有及时更新或者更新失败致使数据失效，不同数据源依据各自的业务规则定义的数据时效各不相同。另外，某一业务系统中的数据更新没有记录或者没有传递到其他的系统中也会使得数据失去时效，从而导致数据质量问题。

（6）数据冗余

同一数据由于存在于多个数据源中，又缺乏统一建模而产生数据冗余。此外，对于数据仓库而言，并非所有的源应用系统传递来的数据行都是相关的。

2.3　数据质量问题的原因分析

为了确定数据质量问题潜在根源的范围和便于设计用于解决数据质量问题的工具，理解这些常见的数据质量问题是很有价值的。

2.3.1　数据源数据质量问题的原因分析

数据源是由所有那些原始"交易/生产"数据的系统组成，可以从中得到数据的详细说明。各个数据源都有各自独立的存储数据方式。其中部分数据源能够合并或者兼容，但也有可能存在不能合并和不兼容的。没有设置任何存取限制的源具有不可靠性，这将会从根本上导致不好的数据质量。不同的数据源具有不同类型的问题，例如：来自遗留数据源的数据甚至没有元数据来描述它们；而脏数据源可能包括人工或电脑系统的数据输入和更新错误。表 2-1 列出了数据源数据质量问题及其部分的产生原因。

表 2-1 　　　　　　　　　　　**数据源数据质量问题及其产生原因**

影响维度	产生数据源数据质量问题的原因分析
完备性	列缺失
	附加列
	没有指明 Null 字符在平面数据源文件中的合理性而导致的错误数据
相容性	数据出现矛盾
	整个企业数据缺乏商业所有权、政策和规划导致数据质量问题
有效性	数据拼写错误
	数据中分隔符在一些领域的文件中可能与实际意义不相同
一致性	数据格式不一致或错误(比如姓名在一个表中的存储格式是"Firstname Surname"，而在另一个表中是"Surname，Firstname")
	相同类型的实体具有多样化的主键策略(例如：一个表中存储客户信息是把社保号作为主键，而另一个表则是把客户编号作为主键，还有的则使用的是关系键)
	数据源中数据多样化的表现方式(比如星期二可以存储为 T，Tues，2 以及 Tuesday)
准确性	数据源时效性不同
	量度错误
	数据值不符合字段描述和商业规则(例如：女性姓名列存储的是爱好，邮编列存储的是电话号码)
	存在异常值
完整性	数据副本更新失败
	数据源中值缺失
	数据的缺省值不同

续表

影响维度	产生数据源数据质量问题的原因分析
唯一性	多种源中相同的数据存在重复的记录导致数据质量问题
	特殊字符的使用不一致(例如:有的数据把日期存储为字符串格式,使用连字符分开年月日,然而在数值类型的值中连字符表示的是负数)
	出现多用字段

2.3.2　数据分析阶段数据质量问题的原因分析

在数据分析阶段,由于表之间的链接等操作,可能导致数据质量问题。表 2-2 描述了在数据分析阶段数据质量问题及其产生的部分原因。

表 2-2　　　　　数据分析阶段产生数据质量问题的原因

影响维度	数据分析导致数据质量问题原因
完备性	缺乏属性分析,单表结构分析和关联表结构分析
	数据集成之前无法评估数据结构、数据值和数据间的关系而产生质量不好的数据
相容性	自动分析工具选择不适当
有效性	对源数据格式、依赖性和值不恰当的分析
	用户以数据分析为目的生成的 SQL 查询导致数据质量问题
一致性	分析未记录以及没有变更确认而导致数据质量问题
	数据分析中无法评估业务流程的不一致
准确性	人工导出运作系统的数据内容信息而产生质量不好的数据
	数据源的元数据不可靠和不完整而导致数据质量问题
	数据分析和 ETL 之间不能集成而导致没有合适的元数据流造成数据质量问题
完整性	缺乏结构化的分析
	缺乏记录计数、总数、最值、平均值和标准差的百分比分析
	手工编码的数据分析可能存在不完整性
唯一性	同一格式的记录和字段不恰当的解析和标准化

2.4　数据预处理之数据问题处理方法

数据预备域采用错误拒绝、列清洗、行过滤等方法来处理进入数据仓库中的数据，保证进入预备表区的数据是"清洁"的。由于数据仓库构建过程中不断地有新数据载入，因此先要识别已有数据和新加载数据之间的变化量。

2.4.1　变化量识别

变化量是指与上次交付的数据相比，此次交付时的变化。变化量可以定义如下：

两个时间点 t_1，t_2，$t_1 < t_2$，数据集 DS 在时间点 t_1，t_2 的差异就是数据集在 t_1，t_2 的变化量，即 $(DS\_t_2 - DS\_t_1) \cup (DS\_t_1 - DS\_t_2)$

数据仓库应该有它自己的机制来识别变化量。否则，受到影响的源应用系统只能周期性地交付完整的全部数据。

为了正确地识别现在接收的与先前接收的全部数据之间的变化量，应该满足以下条件：

- 先前的全部数据是直接可用，并且它存储在数据预备域的一个表中。
- 前后两次交付的数据有完全相同的模式。

假设目前的全部数据 FS_new 与先前的全部数据 FS_old 都满足以上条件。则：

纯插入（INSERT）部分：FS_new-FS_old，FS_new≠FS_old

纯删除（DELETE）部分：FS_old-FS_new，FS_new≠FS_old

修改插入（INSERT）部分：FS_new-FS_old，FS_new=FS_old

修改删除（DELETE）部分：FS_old-FS_new，FS_new=FS_old

将这 4 个部分合并得到完整的变化量。

2.4.2　错误拒绝

如果这些表是定义明确的且利用了合适的加载工具，加载过程中就能检测出重复的行和重复的码。事实上，在不同层次上，表已经定义了许多约束来保证这个阶段的数据质量。不满足约束的行将被拒绝且被写入一些特定的数据错误表中。

2.4.3　列清洗

根据数据仓库的要求和标准，如果不能保证从源应用系统传递过来的数据都满足数据仓库的数据质量维度，那么清洗数据就是数据预备域的任务之一。

为了清洗数据，需要建立一个至少含有以下列的转换表：

- 源应用系统；
- 数据类型；
- 该数据类型的本机默认值；
- 在数据仓库中该数据类型的相应的标准默认值。

在这个转换表中的行意味着：如果讨论中的列是来源于已给定的源应用系统、指定的数据类型，并有规定的本机默认值，那么这个表中的行现在应该包含数据仓库中指定的标准值。

由于源应用系统没有安全的数据类型系统，应该创建一个校正表，且至少包含以下一些列：

- 源应用系统；
- 源表；
- 数据类型 VARCHAR 的源列；
- 源列错误值的域；
- 在校正的情况下，这个列正确的默认值；
- 当检测到一行包含不正确的值时，应该诱发附加的指令。

这个校正表中的行意味着：如果在从给定的源应用系统来的源表列中，其中一个目标列有错误值，那么提供的正确值将被用于数据仓库。如果需要附加的指令，如：将包含错误值的行写进错误表，那么指令将被执行。

校正表将用以下附加列来扩充：

- 源列的格式，如：在 VARCHAR 中表示的日期"YYYYMMDD"或"YYYY-MM-DD"；
- 数据仓库中目标列的数据类型，如：DATE 或 TIMESTAMP。

带有这些附加列的行意味着：源列的值应该按照指定的格式正常地转换成给定数据类型的目标列的值。按照定义，如果结果值是错误的，那么指定的正确值将被用于目标列。

假设以上描述的转换表和校正表是可利用的，则可按以下步骤进行列清洗：

①从数据库目录提取讨论中的源表列，根据它们的序列号给它们排序；

②如果转换表、校正表是可用的，则合并转换表或校正表或两者中相应的行；

③对于包含在一个或两个表的每个列，根据表中提供的信息，相应地构建转换表和/或校正表的片段；

④构造两个列表：

- 目标列表：从数据库目录中取这些列。
- 源列表：用与目标列表相同的顺序：
  i 如果这个列在步骤③中已经处理，那么取结果片段；
  ii 否则，从数据库目录取它自身。

⑤构造一个语句：INSERT INTO <目标列表> SELECT <源列表> FROM 源表。

2.4.4 行过滤

即使我们只考虑最后一次更新后的变化，即变化量，也不是所有从源应用系统中传递过来的行都与数据仓库有关。由于无关数据行的处理可能消耗一部分系统的存储和处理能力。数据预备域的下一个任务是从传过来的数据中过滤不相关的行。此外，它经常需要识别剩下的行的相关操作以便正确地更新数据仓库。

在不失一般性的情况下，为了简单起见，假设将被处理的行来自源应用系统网站的日志，且由 5 个部分组成。每行的第一部分是标识顺序的序列号（Sequence_No），这里，该行被添加到该应用程序网站的日志中。第二部分是对象键（Object_key）或用多行描述的事件的数量。注意，即使在一个更新周期内，一个对象或一个事件也可以由多行来描述。第三部分是时间点（Time_Point），即，表示对象数据的"状态开始"（state_start）或事件数据的"发生"（occurred_on）。第四部分是包含描述内容的行的业务信息（Business_Information）。每一行的第五部分表示两个基本操作（Elementary_Operation）中的一个，即，INSERT 或 DELETE。总之，输入行具有下面的模式：

Sequence_No	Object_key	Time_Point	Business_Information	Elementary_Operation

假设输出行，即处理后剩余的行，有下面的模式：

Object_key	Time_Point	Business_Information	Elementary_Operation	Original_Operation

Original_Operation 是指通过操作应用系统来执行相应记录上的原始操作。它们插入一条新记录，删除或修改一条已经存在的记录。通过该任务，它们必须确认每个剩余行。仅保留与数据仓库相关的行做进一步处理，其余的都按这种方法过滤掉。此外，为了进一步处理，Sequence_No 将不会被使用，这样它就不再保存在输出行中。

假设输入和输出行分别具有以上描述的格式。则可按以下步骤进行行过滤：

①通过对象键和时间点组合，对所有行进行分区；

②在每个分区内，根据序列号升序排列所有行，注意排序后分区内的第一行和最后一行；

③对每一行做下面的操作：

- 如果行是分区中的第一行且基于此行的基本操作是 DELETE，那么这个行是相关的；
- 如果行是分区中的最后一行且基于此行的基本操作是 INSERT，那么这个行是相关的；

④对每一个相关的剩余行，做以下操作：

- 如果在这个行上的基本操作是 DELETE：
  - i　同时，如果这个行是分区中的最后一个剩余行，那么相关的原始操作是 DELETE；
  - ii　否则，相关的原始操作是 MODIFY。
- 如果在这个行上的基本操作是 INSERT：
  - i　同时，如果这个行是分区中的第一个剩余行，那么相关的原始操作是 INSERT；
  - ii　否则，相关的原始操作是 MODIFY。

2.5　记录匹配算法

由于数据源的多样化、结构各异、表达有所不同，在数据整合的过程中，各个数据源中描述现实中同一个实体的时候往往是不一样的，同一实体在各个数据源中存在的记录各异的原因在 2.3 节已经做了详细的分析。识别出各个数据源中表示同一实体的数据或者表示同一实体的记录，也称为多数据源的记录匹配算法问题。记录匹配能够从一个数据源导航到另一个数据源，合并不同数据源中的数据，记录匹配允许在异构的数据源，包括异构的数据表，识别出不同显示形式的同一个实体的记录。

记录匹配是指为决定两个或多个表现形式各异的记录值描述的是否为同样的语义实体。两条记录的匹配并不是探讨这两条记录的表述每个字节都完全相同，而是这两条记录表示的是同一个对象实体，例如一个学籍管理系统的学院表中学院名为"计算机与信息学院"，另一个学院表中的记录是"计信学院"，一个好的记录匹配算法就能够识别这两条记录表示的是同一个实体。现有研究中记录匹配算法主要有 Levenshtein 算法（编辑距离）、文本相似度度量（Text Similarity Measure）函数、基于 N-gram 的字符串匹配算法、Cosine 相似度（Cosine Metric）函数等。

2.5.1　Levenshtein 算法

Levenshtein 距离，又称编辑距离，由原字符串 S 变换到目标字符串 T 所需单字符插入、删除等操作的最少次数。Levenshtein 距离是字符串比较的常见方法之一，适用于两个或者多个字符串之间相似性的比较。例如：源字符串为 S：computer，目标字符串为 T：computer，因为 S 和 T 所表示的字符串是相同的，不需要进行任何的编辑操作，因此 S 和 T 之间的编辑距离就为 0；源字符串为 S：compute，目标字符串为 T：computer，此时就需要做一次插入操作，即在 S 尾部插入字符 r，因此此时 S 和 T 之间的编辑距离就为 1。

设有两个字符串 S、T：$S = s_1s_2\cdots s_m$，$T = t_1t_2\cdots t_n$，建立 S 和 T 的 $(m+1) \times (n+1)$ 阶匹配关系矩阵 LD（默认矩阵第一列表示 S，第一行表示 T），则：

$$LD_{(m+1)\times(n+1)} = \{d_{ij}\} (0 \leqslant i \leqslant m, 0 \leqslant j \leqslant n)$$

按照如下公式初始化填充 LD 矩阵（矩阵元素也可以称为单元或者单元格）：

$$d_{ij} = \begin{cases} i(j=0) \\ j(i=0) \\ \min(d_{i-1,j-1}, d_{i-1,j}, d_{i,j-1}) + a_{ij}(i, j > 0) \end{cases}$$

其中：$a_{ij} = \begin{cases} 0(s_i = t_j) \\ 1(s_i \neq t_j) \end{cases}$ $(i = 1,\ 2,\ \cdots,\ m;\ j = 1,\ 2,\ \cdots,\ n)$

矩阵 LD 右下角的元素 d_{mn} 即为字符串 S 与 T 之间的 Levenshtein 距离，也叫作 LD 距离，可以记为 ld。

2.5.2　文本相似度度量算法

文本相似度度量算法，可以使用文本相似度度量函数表示出来，并具体化。针对已知的一个字符串，用数组表示它包含的所有字符。比如，已知两个字符串 $a_i (i = 1,\ 2,\ 3,\ \cdots,\ n)$ 和 $b_j (j = 1,\ 2,\ 3,\ \cdots,\ m)$，要找到一个这样的映射：

$$M(\cdot):\ \{1,\ 2,\ \cdots,\ n\} \rightarrow \{1,\ 2,\ \cdots,\ m,\ \phi\}$$

使得 $\dfrac{\sum_{i=1}^{n} s(a_i,\ b_{M(i)})}{(n + m)/2}$ 最大化。

其中：若 $(i,\ j)$ 满足 $i > j$，$M_{(i)} \neq \phi$，$M_{(j)} \neq \phi$，则 $M(i) > M(j)$，因此相似度 s 可表示为：

$$s(a_i,\ b_j) = \begin{cases} 1,\ if\ a_i = b_j,\ j \neq \phi \\ 0,\ otherwise \end{cases}$$

因此，文本相似度公式为：

$$S(a_i,\ b_j) = \max_{M(\cdot)} \frac{\sum_{i=1}^{n} s(a_i,\ b_{M(i)})}{(n + m)/2}$$

2.5.3　基于 N-gram 的字符串匹配算法

N-gram 可以定义为：设 $\sum$ 是一个字母表，这个字母表中所有字母组成的字符串用 S 表示。$|S|$ 表示 S 的长度，$S[i]$ 是 S 中第 i 个字母（$i = 1$，$2,\ \cdots$），$S[i,\ j]$ 是 S 中从第 i 个字母到第 j 个字母的长度，n 是整数。

综上所述，基于 N-gram 的字符串匹配算法也就是按照一定长度、一定规律把已知字符串进行分割，分割完成后得到的每个 N-gram 都是已知字符串的一个子串。

例如，设用 N-gram 向量表示已知字符串的 N-gram，其中 N-gram 向量的维度就是已知字符串中包含的连续的 n 个非重复字符的子串数量。各个分量的模就是对应包含子串的次数。假设 $n = 3$，则：

$$\vec{A_S} = \{ a_{aaa}, \ a_{aab}, \ \cdots, \ a_{d5f}, \ \cdots, \ a_{999} \}$$

一般情况，向量 $\vec{A}$ 和向量 $\vec{B}$ 通过上述方法相减得到的结果向量的模就是这两个向量的字符串的匹配度，其公式如下：

$$\| \vec{D} \| = \sqrt{\sum_{i=aaa}^{999} (a_i - b_i)^2}$$

2.5.4　Cosine 相似度函数

Cosine 相似度函数即余弦相似度函数，也称为基于信息检索的向量空间模型，它通过两个向量之间夹角的余弦值，确定两个向量之间夹角的大小，从而确定两个向量的相似度。一般情况下，两个向量夹角在 0°~180°，因此余弦相似度的值为-1~1。值越大表示两个向量的方向就越接近；当且仅当两个向量表示同一方向时向量的夹角为 0°。

余弦相似度是记录匹配算法中常用的相似度计算方法，可以用来计算数据记录之间的相似程度。在计算相似度之前，需要将文件转换成向量的形式，也就是将字符串中的重要的子字符串都视为向量维度，以子串出现的个数当作该维度的值，整合为一个向量值。例如字符串 S_i 转换为向量 $\vec{D_i} = (s_{i1}, \ s_{i2}, \ \cdots, \ s_{in})$，字符串 S_j 转换为向量 $\vec{D_j} = (s_{j1}, \ s_{j2}, \ \cdots, \ s_{jn})$，则 S_i 和 S_j 的余弦相似度度量公式为：

$$\cos(D_i, \ D_j) = \frac{\sum_{k=1}^{n} s_{ik} s_{kj}}{\sqrt{\sum_{k=1}^{n} s_{ik}^2} \sqrt{\sum_{k=1}^{n} s_{jk}^2}}$$

2.5.5　记录匹配算法比较

综合上述几种常见的记录匹配算法，可以知道它们各自都有自己的适用范围，适用范围不同，其优势和劣势就随之表现出了明显的差异。Levenshtein 距离对于因输入错误或者单个字符的错误而导致的字符串匹配问题有一定的效果。另外，如果字符串的长度较短，其插入操作也有一定的优势。然而 Levenshtein 距离对于长度较长的字符串的插入和删除，其效果并不太理想，而且这种方法不能解决字符串中子串位置交换的问题。对于文本相似度度量算法在捕捉拼写错误、短字符串的插入和删除错误、子串位置交换等方面有很好的效果。但在长字符串中，就会出现很多问题。余弦相似度函数在解决经常性使用的字符串插入和删除方面，效果较好。表

2-3 总结了上述算法的优劣。

表 2-3　　　　　　　　　　几种常见记录匹配算法优劣

记录匹配算法	能捕获的错误	不能捕获的错误
Levenshtein 算法	拼写错误，短字符串的插入、删除错误	字符串中子串位置交换，长字符串的插入、删除错误
文本相似度度量算法	拼写错误，短字符串的插入、删除错误，字符串中子串位置交换	长字符串的插入、删除错误
Cosine 相似度函数	经常性使用的字符串的插入、删除，字符串中子串位置交换	拼写错误

2.6　相似重复记录消除算法

2.6.1　基本术语和定义

（1）标记

将记录当作字符串，以一定方式把字符串划分成一组子串，称这些子串为标记。常见的划分方法有基于单词（words）和 Q-gram 的算法。

（2）记录权重向量

设 R 为数据集，将 R 中的记录划分成对应的标记集，用 S 表示 R 中互异的 tab 的有序集合，用 C 表示 R 中所有 tab 集合，对于 R 中任意一条记录 t 都有一个向量 v_t 与之对应，v_t 中第 j 个分量表示 S 中第 j 个 tab 的权重（weight），因此我们称 v_t 为记录 t 的权重向量。

若 $\forall w \in S$，$\forall t \in R$，那么

$$Vt(j) = tf_w * \log(idf_w)，\quad idf_w = \frac{|C|}{n_w}$$

其中，tf_w 是 w 在 t 中的频率，n_w 是 w 在 C 中的频率。

（3）文本相似度

假设 R 表示汇总后的数据集，$\forall t_1$，$t_2 \in R$，Vt_1，Vt_2 分别是 t_1，t_2 的权重，那么 t_1，t_2 之间的文本相似度为：

$$Sim(t_1, t_2) = \sum_{j=1}^{|C|} Vt_1(j) Vt_2(j)$$

(4) 相似重复记录

设 $\forall t_1$, $t_2 \in R$, $\theta(0 \le \theta \le 1)$, 若 $Sim(t_1, t_2) \ge \theta$, 则称 t_1, t_2 是重复记录。

2.6.2　相似重复记录消除算法

相似重复记录是指现实世界中的同一个实体，在各个数据源数据库或平面文件中存储时，由于可能出现格式错误、结构不一致、拼写差异等问题，导致数据库管理系统没有正确识别而产生的两条或者多条不完全相同的记录。相似重复记录是导致数据质量不符合标准最为常见的一类问题，是大部分低质量数据产生的源头。相似重复记录会损害数据的唯一性，产生数据冗余、浪费资源。大数据时代的数据是海量的，因此记录的匹配过程是相当消耗时间的，甚至无法实现。目前，大数据环境下数据库中相似重复记录常见的消除策略主要包括优先队列算法、Delphi 算法、SNM 算法等。

2.6.2.1　优先队列算法

假设 S 是一个数据集，S 中的记录都有键值，优先队列就是一种关于 S 的数据结构。最大优先队列支持以下操作：

INSERT(S, x)：把元素 x 插入 S 中，可表示为 $S \leftarrow S \cup \{x\}$；

MAXIMUM(S)：返回 S 中具有最大键值的元素；

EXTRACT-MAX(S)：去掉并返回数据集 S 中具有最大键值的元素；

INCREASE-KEY(S, x, k)：将元素 x 的键值增加到 k，这里要求 k 不能小于 x 的原键值。

同理，最小优先队列同样支持上述操作。

在处理过程中，优先队列算法也需要对数据集进行排序，只是它采用的排序规则和数据集中记录包含的字段性质没有关系，而是在采用的关键词中选取记录中的所有属性字段，将每条记录作为一个长字符串。并且与其他算法不同的是，它需要进行两次排序，第一次利用自左至右选取字段所得的字符串，而第二次则选择自右至左选取字段所得的字符串。

优先队列算法中使用优先队列中的元素作为一组记录，每一个元素包含的这一组记录都是属于最新探测到的记录簇中的一部分。算法按照顺序匹配数据库中的记录，判定记录是否为优先队列中相关记录簇中的成员。

若是，则扫描下一条。否则，这条记录将会和优先队列中的记录进行比较，如果存在重复记录，那么就将该记录合并到匹配记录所在簇。如果不存在重复数据，则会将该条记录加入一个新的簇，并进入优先队列，且具有最高优先级。

2.6.2.2　Delphi 算法

Delphi 算法也可以用来判定两条或者多条记录是否相似。算法中可能会用到 IDF(Inverse Document Frequency：逆文档频率)值和包含度(Containment Metric)，首先对其进行如下定义：

IDF 值：假设 O 是一个数据集(set)，G 是由 O 中的对象组成的集合的集合，$B(G)$ 表示 G 中所有集合包含对象的包(Bag)，$f_G(o)$ 表示 G 中的对象 o 在 $B(G)$ 中出现的次数。$IDF_G(o)$ 表示 o 在集合 G 中的 IDF 值，则有：

$$IDF_G(o) = \log\left(\frac{|G|}{f_G(o)}\right)$$

$IDF_G(S)$ 表示 O 的子集 S 在 G 中的 IDF 值，则有：

$$IDF_G(S) = \sum_{s \in S} IDF_G(s)$$

包含度：若 S_1, $S_2 \in G$，那么包含度为：

$$cm_G(S_1, S_2) = \frac{IDF_G(S_1 \cap S_2)}{IDF_G(S_1)}$$

文本相似度函数(tcm)：若 $G = \{v_1, v_2, \cdots, v_n\}$ 是 R_i 中的记录集，$TS(v)$ 表示记录 v 中出现的标记集，$Bt(G)$ 表示 G 中所有数据记录包含的标记集，$tf(t)$ 表示标记 t 在 $Bt(G)$ 中出现的次数。则，v 和 v' 的文本相似度为：

$$tcm(v, v') = cm(TS(v), TS(v'))$$

外键包含度函数($fkcm$)：假设 $i>1$，若 R_i 中的记录 v_1, v_2 与 R_{i-1} 中的记录 v 相关联，称为 v_1, v_2 通过 v 共同出现。S_1, S_2 为 R_{i-1} 与 v_1, v_2 相关联的记录集合 $CS(v_1)$, $CS(v_2)$。则，记录 v 和 v' 的外键包含度可用如下公式表示：

$$fkcm = cm(CS(v), CS(v'))$$

则重复探测函数可以定义为：

对于 $R_i(i > 1)$ 中的记录 v，假设 $w_t = IDF(TS(v))$，$w_c = IDF(CS(v))$，$tcm\_threshold$ 和 $fkcm\_threshold$ 分别表示文本相似度和外键包含度的极限值。那么重复探测函数为：

$$pos\begin{pmatrix} w_t * pos(tcm(v,v') - tcm\_threshold) + \\ w_c * pos(fkcm(v,v') - fkcm\_threshold) \end{pmatrix}$$

其中，$x > 0$ 时，$pos(x) = 1$，反之，$pos(x) = -1$。

对于"winxp pro"和"windows XP Professional"这样的等价错误，窗口策略将其所在记录排在邻近位置的可能性很小，而 Delphi 算法利用聚合策略来减少记录比较次数。

2.6.2.3 SNM 算法

SNM(Sorted-Neighborhood Method)算法，即邻近排序算法，其基本思想是：由于大数据时代数据是海量的，不能逐个匹配对比并找出相似重复记录，因此为了规避这一严重的不足，该算法将数据集 R 中的所有记录按照相应指定的关键词(key)进行排序，绝大部分情况下，经过排序后的数据集中，如果存在相似重复记录，则认为它们是相邻的，且聚集在一定范围内。SNM 算法思想在匹配过程中很大程度上缩小了记录比较的次数。

给定两个或多个数据源数据库，首先将数据库中的数据记录进行标准化，然后将其合并到一个数据集，再进行记录匹配过程。SNM 算法主要包含如下步骤。

(1)创建关键词(Create keys)

根据需要从数据集中抽取记录属性的一个子集，或者数据集中属性值的子串，并计算数据集中每一条数据记录的键值。

(2)数据排序(Sort data)

根据上一步中创建的关键词对整个数据集排序。

(3)合并(Merge)

定义一个给定大小的窗口，使其在数据集中滑动，数据集中的每条数据记录都只和窗口中的记录进行比较。假设我们将 w 条记录作为所需窗口的大小，则数据集中每条新进来的数据记录都需要和之前进入窗口的 $w-1$ 条记录进行匹配，用来检测是否为相似重复记录，最先滑入窗口的数据记录滑出窗口，最后一条数据记录的下一条数据记录则滑入窗口，再把这 w 条数据记录作为下一轮的比较对象。SNM 排序示例图如图2-2 所示。

一方面 SNM 算法很大程度上提高了匹配效率；另一方面，采用滑动窗口极大地缩短了匹配时间，很大程度上提高了比较速度，因为 SNM 只需要

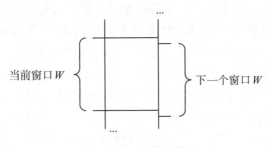

图 2-2　SNM 排序示例图

比较 $w*n$ 次，而 w 比 n 小得多。

2.6.3　相似重复记录消除算法比较

综合上述几种常见的消除相似重复记录算法，可以知道它们各自都有自己的适用范围和环境，适用范围和环境不同，其优势和不足就随之表现出了明显的差异。几种常见相似重复记录消除算法比较，如表 2-4 所示。

表 2-4　　　　　　　　　　**几种常见相似重复记录消除算法比较**

相似重复记录消除算法	优势	不足
优先队列算法	利用两次排序增加相似重复记录聚合机会	大数据环境下效率较低
Delphi 算法	利用聚合策略来减少记录比较次数	对属性值等价的相似重复记录的消除效果不明显；大数据环境下效率较低
SNM 算法	匹配时间短，大数据环境下效率较高	对长属性值或属性值中子串顺序不一致的情况，聚合效果不明显

2.7　基于 SNM 算法的改进和实现

传统的 SNM 算法进行识别相似重复记录的做法是：对数据预处理后，

选定关键属性，然后将记录生成记录字符串，并对其进行排序，排序后按照设定的窗口大小对窗口内记录进行记录匹配，最后根据设定的文本相似度判定是否为相似重复记录。SNM 算法的思想是尽量只对排序后邻近的记录进行匹配，从而大大减少比较次数和缩短比较时间，因此 SNM 算法对相似重复数据的匹配效果好坏取决于排序后相似重复记录被排在相邻位置的程度，相似重复记录越邻近，匹配效果就越好。然而，在对数据源的数据进行排序的时候，选择的排序字段不同，对排序结果有很大影响。在实际数据中，往往有很大一部分记录的数据值不是单个的单词或词语，而是一个句子，如地址字段。对于属性值为句子的这类数据，如果直接排序，相似重复记录很可能并非邻近，相反会分离得较远。有时候由于属性值的顺序规则不同，甚至较短的句子也有可能出现类似的问题。如：有两条主要属性是(Name, Sex, Birthday, Phone, Address)的记录：(Wang Mei, F, 1989-10-10, 18671745011, Hubei Yichang Xiling University Road)，(Mei Wang, W, 1989-10-10, 18671745011, University Road, Xiling, Yichang, Hubei)。不论是按照 Name 属性排序，还是 Address 属性排序，其排序后的结果都会将这两条记录分离得很远，而事实上这两条记录属于重复数据。

如果采用将记录字符串单词化分割后再进行排序，较好地解决了传统算法的缺陷。同样以上述两条记录为例，此处首先对不一致的属性进行预处理，示例中对 Sex 属性，采用男性为"1"，女性为"0"，将记录中的 Sex 属性归一化处理。其次选定关键属性(Name, Sex, Birthday, Address)，并生成记录字符串分别为"Wang Mei 0 1989-10-10 Hubei Yichang Xiling University Road"，"Mei Wang 0 1989-10-10 University Road, Xiling, Yichang, Hubei"，然后针对记录字符串单词化处理并排序，得到结果字符串分别为"0 1989-10-10 Hubei Mei Road University Wang Xiling Yichang"，"0 1989-10-10 Hubei Mei Road University Wang Xiling Yichang"。通过这一处理，相似重复记录很大程度上增加了其聚合的机会，再通过窗口内计算文本相似度就能很容易判定这两条记录是重复数据。因此对记录字符串单词化处理后再排序，很大程度上将相似重复记录排到了邻近位置，进而更好地消除了相似重复记录。改进的 SNM 算法流程图如图 2-3 所示，算法步骤以及实现过程具体如下(以示例客户数据表为例)：

①输入事实表，设定窗口大小 S = 3，文本相似度阈值 û = 0.95。客户数

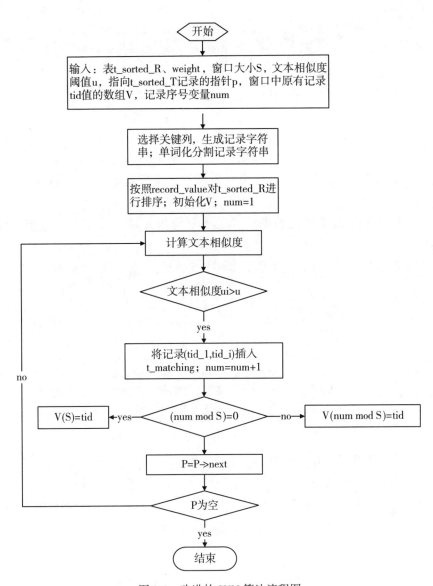

图 2-3　改进的 SNM 算法流程图

据表包括客户编号、姓名、性别、出生日期、手机号码、地址这 6 个属性。
事实表中包含 4 条示例记录，如图 2-4 所示。

　　②数据预处理。客户表中的 Sex 和 Birthday 属性存在表示方式不一致，
对于这一类型的数据问题，通过数据预处理即可消除。

图 2-4　客户表记录

③选择关键属性。在判定两条或多条记录是否为相似重复记录时，并非所有属性都是关键属性。此处中对客户表选择的关键属性是 Name，Sex，Birthday，Address。

④针对选择关键属性后的记录生成字符串记录，并存入字符串记录表中。

⑤将字符串记录单词化处理，如图 2-5 所示。

图 2-5　单词化后的字符串记录

⑥将单词化的子串进行排序。

⑦为了最大限度地使相似重复记录处于邻近位置，则将子串排序后的字符串记录表按照排序后的字符串进行排序。通过这一步的操作和处理，相似重复数据将处于邻近位置，也就是在算法中的窗口之内。

图 2-6　排序后的字符串记录

⑧根据设定的窗口大小以及文本相似度，对排序后的字符串记录计算文本相似度，消除相似重复记录。示例中消除相似重复记录后的结果如图2-7所示。

结果　消息

	ID	Name	Sex	Birthday	Phone	Address
1	1	Zhang San	1	1987-01-01	13800138000	Hubei Yichang Xiling University Road
2	2	Wang Mei	0	1989-10-10	18671745011	Hubei Yichang Xiling University Road

图 2-7　消除相似重复记录后的数据

2.7.1　实现方法

2.7.1.1　实验环境和数据选择

由于真实数据涉及商业机密，用来进行实验的数据获取比较困难，另外实际数据中相似重复记录的总量不确定性也对实验评价带来了很大的困难，因此利用来自 Internet 的测试数据生成器构造了用于此处测试的数据。构造的客户数据表主要包括 ID，Name，Sex，Birthday，Phone，Address 等 6 个属性。构造客户数据表之后，生成了10 000条客户记录，此外还生成了8 000条相似重复记录，并将其随机插入客户表。

2.7.1.2　评价指标

将算法消除相似重复记录的比例作为评价算法改进程度的指标。测试数据中相似重复记录的数量为已知量，因此通过算法消除的相似重复记录的比例很容易得到，并且这个百分比很大程度上能说明算法的好坏以及数据质量的高低。

相似重复记录消除率表示算法可以消除的相似重复记录占数据表中所有相似重复记录的比例，定义为：

$$\rho = \frac{N_V}{N} \times 100\%$$

其中，N_V 表示算法消除相似重复记录的数量，N 表示数据表中相似重复记录的总量。

2.7.2 结果分析

（1）不同初始参数对消除结果的影响

根据算法流程可知，不同的初始参数对最终消除的相似重复记录的数量会产生影响。这里选择不同的窗口大小和文本相似度阈值进行实验及结果分析。

①不同窗口大小 S 对消除结果的影响。

为了测试不同窗口大小对消除结果的影响，这里对文本相似度阈值取定值 $u=0.85$，测试结果如表 2-5 所示。

表 2-5   **不同窗口大小消除结果表**

窗口大小 S	3	5	10	15	20	30	40
相似重复记录消除率(%)	56	61	68	72	75	76	76.5

由图 2-8 实验结果可知，在此处实验的数据中，相似重复记录消除率随窗口大小的增加而升高，当窗口增大到一定程度时，相似重复记录消除率上升缓慢并逐渐趋于平稳。可见，针对此处实验数据，最优窗口大小为 $S=20$。

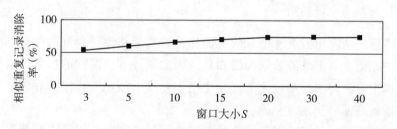

图 2-8   不同窗口大小消除结果折线图

②不同文本相似度阈值 u 对消除结果的影响。

为了测试不同文本相似度阈值对消除结果的影响，这里对窗口大小取上述最优值 $S=20$，测试结果如表 2-6 所示。

表 2-6　　　　　　　　　不同文本相似度阈值消除结果表

文本相似度阈值 u	0.75	0.8	0.85	0.9	0.95
相似重复记录消除率(%)	86	81	75	70	58

由图 2-9 的实验结果可知，在此处实验的数据中，相似重复记录消除率随文本相似度阈值大小的增加而降低，当文本相似度阈值增大到一定程度时，相似重复记录消除率降低缓慢并逐渐趋于平稳，也就是说文本相似度要求越严格，探测到的相似重复记录比例会越低。上述实验结果可见，针对此处实验数据，可选择文本相似度阈值大小为 $u=0.85$。

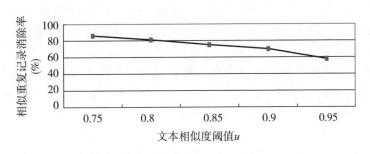

图 2-9　不同文本相似度阈值消除结果折线图

(2)改进的 SNM 算法与传统 SNM 算法的消除效果比较

为了比较改进的 SNM 算和传统的 SNM 算法的消除效果，采用此处中的测试数据，并设定文本相似度阈值为 $u=0.85$ 进行了不同窗口大小下的对比实验。其对比实验结果如表 2-7 所示。

表 2-7　　　　　　　改进 SNM 算法与传统算法消除结果对比表

窗口大小 S		3	5	10	15	20	30	40
相似重复记录消除率(%)	改进的 SNM 算法	56	61	68	72	75	76	76.5
	传统的 SNM 算法	37	46	54	61	67	69	71.5

由图 2-10 显示的结果可知，相同窗口大小的情况下，改进的 SNM 算法比传统算法都有较好的相似重复记录消除率，说明算法改进有一定的效果。

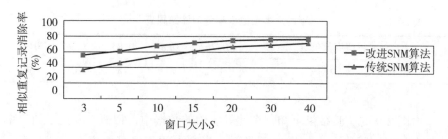

图 2-10　改进 SNM 算法与传统算法对比消除结果折线图

本章参考文献：

［1］Singh R，Singh K. A descriptive classification of causes of data quality problems in data warehousing［J］. International Journal of Computer Science Issues，2010(3).

［2］程大庆，郑承满. 数据仓库数据质量的治理及体系构建［J］. 中国金融电脑，2011(6)：28-34.

［3］刘润达编译. 社会化媒体数据质量评价初探［J］. 中国科技资源导刊，2012(2)：72-79.

［4］唐懿芳，钟达夫，严小卫. 基于聚类模式的多数据源记录匹配算法［J］. 小型微型计算机系统，2005(9).

［5］姜华，韩安琪，王美佳，王峥，吴雲玲. 基于改进编辑距离的字符串相似度求解算法［J］. 计算机工程，2014，40(1)：222-227.

［6］李文，洪亲，滕忠坚，石兆英，胡小丹，刘海博. 基于 n-gram 的字符串分割技术的算法实现［J］. 计算机与现代化，2010(9)：85-87，91.

［7］叶焕倬，吴迪. 基于改进编辑距离的相似重复记录清理算法［J］. 现代图书情报技术，2011(Z1)：82-90.

［8］Jose C Pihneiro，Don X Sun. Methods for Linking and Mining Heterogeneous Databases［EB/OL］. https：//www. aaai. org/Papers/KDD/1998/KDD98-055. pdf.

［9］邱越峰，田增平，等. 一种高效的检测相似度重复记录的方法［J］. 计算机学报，2001(1)：69-77.

［10］周芝芬. 基于数据仓库的数据清洗方法研究［D］. 东华大学，2004.

［11］张建中，方正，熊拥军，袁小一. 对基于 SNM 数据清洗算法的优化［J］. 中南大学学报(自然科学版)，2010，41(6)：2240-2245.

第 3 章　数据 ETL

3.1　范式及范式转换

1962 年，库恩在《科学革命的结构》里提出"范式"的概念。库恩定义他的科学范式为一系列公认的科学成就。在一段时间里，这些科学成就为圈子里的研究者们提供典型的问题和解答，譬如范例性的实验。这些范例的基础是共享的先入知识，其包括隐含的假设及准形而上学的元素。它们在收集证据之前已形成，并决定证据应满足的条件。

这本书引入的最具影响力的术语无疑是"范式转换"。此后，学者们用"范式转换"来表达关于现实的某一基本模型或基本假设的根本性改变。这种改变会从本质上影响某社会团体的感知、思维、行为及组织方式。如果现在用谷歌搜索"paradigm shift"，看看搜索到的图片结果，就会看到这个词有多流行，哪怕这个术语已过了它的 50 大寿。因此可说，它是一个青春常在的术语。然而，即使对于库恩本人来说，恰当地使用这个术语仍极具挑战性。在此，我们愿再做一次尝试。

库恩认为，科学史是常态科学和科学革命的交替循环，即，成熟或占主导地位的范式和范式转换的交替循环。在常态科学时期，当时存在的解决问题的现实模型占主导地位。而在科学革命时期，现实模型本身则要经历急剧的改变，以获得更多的解释力来面对所观察到的现实世界。物理学中，从牛顿到爱因斯坦的世界观转变是说明上述科学发展过程的最好证例。

库恩认为，范式这个概念不适用于社会科学，是社会学家们将范式的概念引入他们的领域的。在这些领域里，范式用来表达在某个特殊的时期内，被社会广泛接受的，作为标准的一系列信仰、价值观、思想体系及行为经验。范式在特殊的社会文化背景和历史时期中形成，并影响社会中每个个人对现实的感知及对其之反应。

与库恩相似，社会学家用范式转换来表示社会范式（一个特定社会理解以及组织其社会学意义上的现实的方式）的改变。在这里，他们关注形成转换的社会环境及转换对其社会机构的影响。反过来，这种社会领域里的转换会改变受影响的个人感知社会现实的方式。

事实上，任何范式的核心要素仅是几个基本假设。正是在这些假设的基础上，现实之模型、科学之理论、社团之信仰及价值观得以建立。范式的其他部分只是这些基本假设的精神或物质形式的衍生物。这些假设都是自觉或不自觉地通过我们有限的感知、观察、经验及有限的想象和推理能力建立起来的。因逻辑从未改变，所以正是这些基本假设的改变导致了范式的转换。经典的、改变了的基本假设例子有：速度不是影响物质世界特征的因素，上帝决定了每个事件，等等。通常，范式转换的动机是为了获得更多的解释力或各种各样更高的效益。

3.2 阿基米德及亨利·福特的 ETL 机制构建方法

我们先看看古代最伟大的工程师阿基米德（公元前 287—前 212 年）及汽车工程师的先驱和装配线生产技术的发起者亨利·福特（1863—1947 年）将如何构建对付 1 000 个目标表的 ETL 机制。假设，该任务必须在极短的时间内完成，譬如在一天之内，而且可调用的程序开发人员数量不限。

3.2.1 阿基米德的构建方法

在锡拉丘兹的围攻战中（公元前 214—前 212 年），阿基米德曾试用"阿基米德热射"进行火攻以摧毁敌舰，即用数百个高度抛光的青铜或黄铜盾牌作为反射镜，将阳光聚焦到驶近的敌船，使其着火，如图 3-1 所示。

依此原理，阿基米德有可能把对应每个目标表的 ETL 程序看作一副盾牌镜。由此将程序开发人员划分为小型的开发小组。根据其简洁的功能要求：提取、转换、加载，每一小组将对一小数量的目标表的 ETL 程序进行全功能开发。

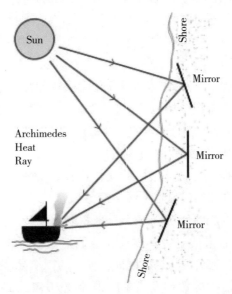

图 3-1　阿基米德用"阿基米德热射"进行火攻以摧毁敌舰

3.2.2　亨利·福特的构建方法

如图 3-2 所示，福特可能会采取汽车生产装配线的方法。他可能会将整个构建 ETL 的任务分成更小的子任务，如提取、转换和加载，把它们看作工作步骤类型，并把每一步骤类型分配给一专门的、独立的开发团队。换

图 3-2　福特生产汽车的装配线

句话说，每个开发团队将只处理整个工作步骤链中的一个固定的小部分，对所有的目标表的处理均如此。

3.2.3　两种构建方法对比及讨论

总之，阿基米德会水平地划分任务，而福特却是垂直划分。每个阿基米德的程序开发员都能在整体上了解自己的 ETL 程序，由此他们在此都是全能手。而且，他们会以其工作为乐，因为产生的程序并不要求完全相同，而且简明的设计任务书允许得到单独的、创造性的，因而不同的、富有个性的诠释。然而，程序的生产会因此变得昂贵、费时、低效。因为程序的差别相当大，团队之间的成员也不便交换。

由于同一团队生产的所有程序都几乎相同，福特的开发人员对于既定的小任务都是训练有素的专家。因此，他们能高效地生产高质量的产品。然而，他们不会真正地关注全局。因此，他们的工作会显得单调无聊。

当然，现实生活中的数据仓库 ETL 机制并不像我们上述的那么简单。我们已经确认了 20 多个 ETL 机制的功能任务类型。其中有些相当复杂，具有挑战性。此外，其适用性与数据源的状况及企业组织对其数据仓库的具体要求密切相关。后者本身往往也会很复杂和具有挑战性。此外，某些任务类型可能还会有多种变体。

在过去的三十年里，我们通常都是用阿基米德法来构建数据仓库的。由于有诠释的自由，这工作给我们带来许多乐趣。然而，这乐趣常常变成了玛丽·雪莱(Mary Shelley)之噩梦。换言之，对我们而言，阿基米德法已被证明是不当的。福特没有给予其员工任何诠释的自由。他的方法基于这一简单的观察，即分配给每个团队的工作可以绝对相同地完成。然而，ETL 程序虽然非常地相似，但它们还是不完全相同，即对我们而言，亨利·福特的方法也不合适。存在一个有效适用的方法吗？下面，我们将分析构建 ETL 机制时会出现的问题，借以给此问题一个明确的答复。

3.2.4　构建范式

在生产和构建事物方面，通常有两种主要的构建范式，一种以阿基米德为代表，另一种则以亨利·福特为代表。由于受当时的观察、经验及想象力的限制，阿基米德可能曾认为对每个产品单独地进行制造是最有效便利的方式。基于这个假设，包括生产组织在内的整个社会得以相应构成。

而福特和他的设计团队则敏锐地观察到，对许多汽车部件而言，需要从事的制造工作是完全相同的。基于这一观察，他们应该曾假设，不论汽车相同与否，相同的工作由同一个工作小组来完成，效率会更高些。显然，他们应通过实验验证了这一假设。从这个根本性的假设出发，完整的生产线、整个的工厂，甚至整个社会都按此方式相应地建立起来。这样，构建范式的转换发生了，并至今一直深深地影响着我们的构建活动。

　　长期以来，阿基米德和福特的混合范式在数据仓库的构建方面一直占主导地位，我们称其为传统范式。经验证明，按传统范式构建数据仓库效率低下。下面我们将具体分析传统范式低效的原因，并阐述新范式的基本原理。

3.3　传统的数据仓库构建范式

3.3.1　实验室环境下数据仓库构建之行为模式分析

　　为找到高效的数据仓库构建方法，下面，我们首先对 ETL 机制构建中的典型编程过程进行分析。为了便于对讨论的理解，我们要考虑每位数据仓库构建者几乎每天都会面对的基本任务，即为接收新提取的源数据做准备。尽管这项任务本身微不足道，但它却包含了所有下面将给予详尽考查的基本概念元素。

　　假设我们的数据库"my_db"含 1 000 个表，如"tab_adfhkfha""tab_lkeas""tab_dajpgh"。我们想清空这些表。我们知道，符合 SQL(结构化查询语言)语法"DELETE FROM <数据库名>. <表名>;"的语句适合于这一任务。我们如何完成这一任务呢？一种可能是写下下面这 1 000 个非常相似，但又不尽相同的语句，然后执行它们：

DELETE FROM my_db. tab_adfhkfha；

DELETE FROM my_db. tab_lkeasr；

……

DELETE FROM my_db. tab_dajpgh；

　　为此，你可能会复制用于删除第一个表的语句，再将其粘贴999次。然后，你一个个调整这每一粘贴语句的某些部分，如表名。当然，调整之后你还须验证这些调整是否正确。现在的问题是，你需要多少时间才能完成这些表的清空呢？如果你不太走运，它将使你度过好几个乏味的时辰。请注意这里每一个斜体化了的动词。

让我们来仔细看看上面的过程。在这里，最突出的应是重复。这里有两种类型的重复：

①内容重复：如上述完整的 SQL 语句中的短语"DELETE FROM my_db."。

②操作重复：即为产生后续的 999 个删除（DELETE）语句的编辑操作："复制（第 1 个语句）—粘贴（999 次）—搜索（表名 999 次）—替换（用新的表名替换旧的表名 999 次）—调整（如有必要的话，999 次）—验证（验证结果语句是否正确 999 次）"。

3.3.1.1 内容重复

为什么会有第一种类型的重复呢？这是因为对于以上所有删除语句而言，上述的 SQL—语法要求是通用的。由于 SQL—语法，或由于编程风格的约定，它必须看起来是这个样子，比如，所有 SQL 保留字必须大写。对于相关的开发团队而言，其他任何形式的语句可能不合适，或很难看。我们将这样重复的内容看作"域通用知识"（domain-generic knowledge）的载体。这里所谓的"域"是指一个予已考虑的，有限的活动区域。

与此相应的问题是，哪些内容不重复呢？在清空的例子里，表名是完全不重复的。每个语句含有其唯一的，特殊的表名。我们称这样的事物为"对象特殊知识"（object-specific knowledge）的载体。在我们的例子中，一个表就是一个对象。

基于以上概念，对于内容重复可简言为：域通用知识的载体重复，而对象特殊知识的载体则不重复。

事实上，福特的流水线法是基于这样的观察：许多汽车组件是完全相同的——用我们的术语来说，它们是某种通用知识的载体，从而可以简单地"复制和粘贴"，即重复相同的生产或制造。一方面，通过它的流水线法，福特使汽车构建达到了革命性的高效率。另一方面，它不能恰当处理对象特殊知识，而这正是 ETL 机制的特点。因此，它的方法还不能直接移植到我们的数据仓库构建上来。

3.3.1.2 操作重复

第二类重复见于用得极多的编辑操作链，或最常见的现代行为模式：

"复制—粘贴—搜索—取代—调整—验证"。

一方面，对于提高生产率而言，使用计算机编辑工具对所有相关事物进行"复制 & 粘贴"可能是自几千年前发明印刷术以来最为伟大和最具影响力的发明之一。基于数据仓库的特点，我们这些数据仓库构建者充分地利用它来快速地生产 ETL 程序。(若没能意识到这一点，那我们可能还没开始就已经失败了。)另一方面，将被开发的 ETL 程序通常虽极其相似，但并非完全相同。因此，我们必须"查找"——同"替换"一道组成另一伟大且极具影响力的发明——应该含有其他内容的地方。然后用新的内容自动地"替换"那些旧的内容。如果所涉及的程序并非十分相似，那么通常有必要在一定的程度上手工"调整(修改/改变/优化/等)"新程序。无论如何，"验证"结果的正确性是不可或缺的。

为什么需要"复制 & 粘贴"呢? 这是因为基于其显著的相似性，旧的和新的程序应该有一个相当的部分可以共享。换句话说，应存在相当分量双方共有的部分。如果共有的部分分量不够，则没必要采用"复制 & 粘贴"。为什么能自动"搜索 & 替换"呢? 这是因为我们准确地知道什么能够区分它们。换言之，我们知道这些单个程序有一些*有规律的，特殊的*东西。为什么必须手工"调整"生成的程序呢? 这是因为存在*其他的，特殊的*，不是那么容易简单地通过"搜索 & 替换"予以处理的东西。如果我们不能感知或确定两个程序之间存在明显的、可利用的相似性，无论是"复制 & 粘贴"，还是"搜索 & 替换"都将不便于用来构建新程序。在这种情形下，长操作链退化成一个短链，即"调整 & 验证"。换言之，我们将会像福特 100 多年前所做的那样，用古典的打字机，或像阿基米德 2000 多年前那样，用羽毛笔构建我们的 ETL 程序。为什么需要单个地"验证"这些程序呢? 这是因为"搜索 & 替换"可能做一些超越期望的事。此外，任何手工操作都可能出错。我们估计，亨利·福特和他的设计团队在设计他们的生产线之前也对其员工的生产行为进行了类似的分析。

这里有一些关系需要说一下:

- 因为存在着一些明显的、可利用的相似性或共性，内容重复引发操作重复。
- 由于不完全相同的或特殊的成分的存在，操作重复中的所有四个后续操作是由其前两个操作即"复制 & 粘贴"，所引发的。

简言之，存在一些有相当分量的共有成分对这种处理行为模式是有决定性意义的，而 ETL 程序中确确实实存在许多这种成分。

3.3.1.3 更论操作

一方面，操作对"复制 & 粘贴"威力无比。只要其应用范围选择恰当，"粘贴"则是最合适的操作。福特非常漂亮地利用了它来构建汽车，最终导致工业革命。另一方面，实际中一些具体要求限制了其总体效果。首先是其副本不可随后单独更改。如果做不到这点，一个方便、便宜的工业化生产问题将变成一个烦琐昂贵的工匠生产问题。这也就是为什么只有在交付给用户的相机或笔记本电脑没被客户打开或自行修改的前提下，供应商才提供保修的原因。另一个问题是，原件或设计必须是完美无瑕的。如果它包含任何错误、缺陷或诸如此类，"粘贴"操作将无情地分散它们。被"复制"的部分"粘贴"得越频繁，上述纰漏则分散得越广泛。由于"原型"/"设计"上的一些缺陷，我们时常见到要召回某型号的被"粘贴"的汽车的告示。当一些分散了的缺陷由客户自己单独更改或以无控的方式得以"纠正"时，灾难也就发生了。

如果一个复制品的共同的部分(即某通用知识的载体)通过所谓的"调整"被单独地改变了，那它就不再是原件的副本了。它成了，或者至少似乎是，一些新的特殊知识的载体。"调整"运用得越频繁，存在于你的 ETL 程序集的(新的)特殊知识就越多；存在于你的 ETL 程序集中的特殊知识越多，你的 ETL 程序集也就越像一个工艺品的集合。通常，工艺品是昂贵的，并且处理它们是烦琐的。在这个意义上我们说，"调整"是有害的。虽然在一切都刚开始时你的 ETL 程序集可通过"复制 & 粘贴"(像福特生产他的汽车那样)及"搜索 & 替换"(这是福特做不到的，因为他没有相应的操作对等方式)进行工业化生产。但最终由于"调整"，你不再能够区分什么是通用的，什么是特殊的，因为一切都混在了一起。白天，它是一套精美的工艺品，但晚上它可能是玛丽·雪莱噩梦的主题。

3.3.2 现实生活中数据仓库构建之行为模式分析

为了对本质性的东西有清晰深刻的理解，以上，我们在一个分离的、极其简化了的条件下，对 ETL 机制构建中的典型编程过程进行了详尽的分析。之后，我们将用由此获得的基本认识来考察现实生活中数据仓库构建之行为。

如果我们只用操心于少量的、单个的、手工制造的 ETL 程序的话，如同对待通常的应用程序那样，我们的生活应是相当高枕无忧的。然而，在任一中等规模的企业组织里，其企业数据仓库就可能有几十个源应用系统，且每个源应用系统可能提供几十上百个源表。因此，整个 ETL 机制可能含有数以千计的 ETL 程序，且其中某些部分还可能相当复杂。这是 ETL 机制的另一个主要特征，即*量性特征*。与上面谈到的*质性特征*一同，我们可以说，企业数据仓库的 ETL 机制通常是由大量的、极其相似，但又不完全相同的程序所组成。

存在于这些程序中的大量的相似性可以用来提高构建效率。与此同时，这大量的程序使得数据仓库建设成为真正的挑战。这是因为除了烦琐的编程外，所有这些程序都必须经历设计、指定、测试、记录以及维护的过程。这庞大的工作量不可能由一个人在短期内完成。相反，这通常需要大型的设计及开发团队在一段很长的时间里完成。

3.3.2.1　大型的开发团队

动用大批的开发人员将给数据仓库构建带来挑战。这些开发人员每个人都有自己的把握和理解力，习惯于不同的思维和工作方式，他们掌握开发工具和辅助设备的水平不同并且驾驭数据库管理系统、SQL 的程度也不一样。因此，虽然是根据相同或相似的设计说明书加以开发，但是，开发人员甲开发的程序并非总能被开发人员乙直接理解和维护，即使该程序运行正常。简言之，这些程序里包含有太多个性的东西。换言之，设计说明书中隐含的通用知识可以由不同的开发人员通过编程以不同的方式，但又完全正确地给予诠释。在这种情况下，实际存在的通用性难以识别，会被认作某种特异性，我们称为伪特异性。更具体地说，某通用知识的载体，譬如由某一开发人员开发的某程序的一部分，对其他开发人员而言显得像是某些特殊知识的载体。由此，这些开发人员也只能这样特殊地处理这些载体了。

3.3.2.2　很长的开发时间段

长时期开发意味着，即使程序是由相同的开发人员在不同的时间点开发的，该开发人员应用的布局、隐含的风格、采用的技巧以及融入的个人习惯都可能会发生变化，哪怕这变化来得缓慢。某一开发人员难以理解他两年前开发的程序的现象很常见。由于时间在记忆上的作用，常常发生标准、协议或指南被遗忘或被误解的现象。如哲学家们早在几千年前就已经注意到的，今天的开发人员和两年前的他已是大不一样了。同理，对于相同的设计说明书，他今天的"诠释"也和他两年前的"诠释"不太一样了。在这个意义上，假设我们的一个团队事实上有 10 个开发人员，他们在两年的年初和年尾面对同样的设计说明书。那么我们在*实际效果*上将会有 20~30 个不同的、提交诠释的开发人员。这是一个应该值得注意的维的质的转换：从一时间维的值，转换到一物质维（即人员）的值。

事实上，时间因素的影响不仅如此。随着时间的流逝，

- 业务要求和技术环境在变化；
- 利益相关者(赞助者、管理人员、架构师、设计师、开发人员、测试人员，等等)在流动；
- 老的数据源被废弃，新的数据源被开发；
- 副本程序的原本，即"通用知识"之源，可能被修改、调整、改进、优化，甚至重新设计及重新制作。

如果副本保持不变，情况还不至于太糟糕。因为原件的任何变化都可采用受控的"搜索—替换—调整—验证"重新复制并重新粘贴到现有的副本上。然而实践一再表明，这些副本本身也有可能出于某种原因被单独地修改、调整、改进、优化及扩展。

在一切刚开始的时候，什么是共有的、通用的，什么是个别的、特殊的，可能很清楚。因此，我们能够通过神力无比的操作链以产业化方式高效地工作。这时，原件和副本之间的关系是明确无误的。然而，在最后结束时，所有东西都混淆在一起了。没有人知道它们之间曾有过一个"原件—副本"的密切关系。现在，它们一个个都像孤儿一样孤苦伶仃。因此，所有其后而来的变动不得不单独地、直接地在副本上进行。

3.3.2.3 不限于编程

事实上，上述观察对一个庞大的设计团队的不同设计师在很长一段时间内的设计过程及由他们交付的设计说明书来说同样有效。实际上，前面细述的编辑行为模式不仅局限于程序与编程、说明书与说明，它们同样也广泛地存在于文档编制与文档之中。此外，只要程序在开发或维修期间发生变化，那些原来通过运用我们驾轻就熟的编辑操作链产生的文档则应马

上得到相应的更新。就像上面描述和讨论的那样，随着时间的推移，这将变得越来越困难。此外还有一个原因，程序文档的及时更新虽然对于维护和推广的成效至关重要，但对于程序本身的正常运行并非绝对必要。显而易见，若无相当的努力，所有这些程序最终至少在心理上被认为是无文档程序。

突然间，我们发现我们身处阿姆斯特丹跳蚤市场：一大堆单一手工制作的，无文档记录说明的，其维护和扩展需要不成比例的时间和金钱的工艺品。这就是当今数据仓库构建人的生活及工作现实的真实写照。最后，但同样重要且必须明白无误说明的是，所有这一切观察都与是否采用某种 ETL 工具或辅助设施无关。

事实上，这里的主要问题是对存在于 ETL 机制中的通用知识之载体的处理方式不恰当。由于上面讨论的种种原因，它们的形式发生了变化以至于它们所携带的通用知识不能够被感知并得到利用。这样，通用知识同特殊知识混杂在一起，以至于通用知识也被视为特殊知识。对个别的、单一的、特殊的事物的处理几乎总是更昂贵、更麻烦。这就是我们的数据仓库构建悲剧的真正原因所在。

3.3.3　传统的数据仓库构建范式

传统的数据仓库构建范式是一种阿基米德范式和福特范式的混合体。在构建其他类型的程序系统之经验及观察的基础上，人们作了两个基本假设：

- 如相同类型的工作，如设计、开发或测试，分别由其相应的专业团队来完成，其效率应最高(福特范式)。
- 如需交付的对象，如设计说明书或 ETL 程序，单独并彼此独立地完成，其效率应最高且最便利(阿基米德范式)。

基于此假设，传统的数据仓库构建的组织机构与过程原则上大致如下：

①根据企业组织的业务策略、需求及现状，架构团队确定架构条例，其包括算法、标准及各种约定。

②根据架构团队提供的架构条例，设计团队进行一个个的程序设计，其包括映射规则及程序进程。

③遵照设计团队提供的相应的说明书及映射规则，开发团队一个个地实现 ETL 程序。

④遵照设计团队提供的相应的说明书和映射规则，测试团队一个个地进行程序测试。

数据仓库构建的传统范式之信息运转情况可用图 3-3 给予说明。

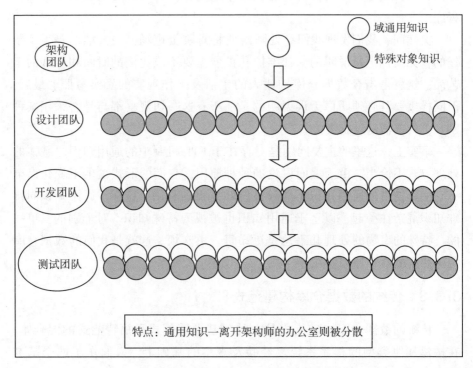

图 3-3　数据仓库构建的传统范式

在此，灰球代表特殊对象知识，即操作型元数据(在下文中将对此作具体阐述)，它描述每个单独的对象，如表或映射。虽然它们颜色一样，但它们是不重复的。而所有的白球则代表同一域通用知识。一旦离开架构师办公室，它将被分散到成百上千的设计说明书、程序及测试说明书里。这就是传统范式的本质特征。灰球盖住了白球的一部分，这表示在传统范式中，两类知识是混合的，不易清晰分离的。

3.4　元数据驱动的集成域通用知识的数据仓库构建范式

在本小节里，我们仍以上小节介绍的清表任务为例，分析元数据驱动

集成域通用知识的数据仓库构建行为。与传统的数据仓库构建范式相比，
这一新构建范式，经实践证明，能显著提高数据仓库的构建效率。

3.4.1　生成器：ETL 构建小例的另一个解决方案

现在我们来讨论在新范式下上述清表任务是如何完成的。首先我们看
看下面的 SQL 语句是干什么的：

SELECT　　'DELETE FROM my_db. ' ‖ table_name ‖ ';'

FROM　　　my_catalog. tables

WHERE　　database_name = 'my_db';

实际上，弹指一挥间，这语句即可完美无缺地产生上小节列出的那
1 000 个 DELETE 语句作为其运行结果。

为了更好地理解上述语句，下面来点关于细节的技术说明。

- 运行上述语句时，此语句使系统查找位于目录数据库"my_catalog"
中的表"tables"，取出所有有关托管在数据库"my_db"中的表的记
录，并取得这些表的名称以备用。通过连接以下三个字符段，即
"DELETE FROM my_db. "、上述的指代 1 000 个表名的变量"table_
name"的当前值，以及用来标志 SQL 语句语法上正确结束的字符
"；"，来为每个表构建一个字符串。
- 在我们这样做之前，我们需先将相关表的信息存储在表目录中，
即位于目录数据库"my_catalog"中的表"tables"。这里，每个表都
对应于表目录中的一条记录。这些记录至少有两列，即用来指示
正在被操作的数据表的宿主数据库"database_name"，以及此数据
表"table_name"本身。

很容易验证，每个这样构成的字符串都对应一个我们所期望的 DELETE
语句。在这个意义上，上述 SQL 语句就是一个简单的语句生成器。为了清
表，你仍需做的就是执行这些生成的语句。需要说明的是，我们再也不需
要复制、粘贴、查找和替换；再也不需要手工的调整和验证。简言之，我
们根本不需要任何重复操作。

现在让我们来仔细地看一下这个语句生成器的构成元素。由生成器所
构建的完整字符串的第一部分"DELETE FROM my_db. "和第三部分"；"是常
量。如果采用传统的方法，它们是被重复的内容；它们是应用操作对"复制
& 粘贴"999 次的主要动机。用上文提到的术语，它们是某域通用知识的载

体，如 SQL 语法、编程风格和惯例等。完整字符串的第二部分是变量。它的具体值，即表名，对每个具体的表来说是独有的。若采用传统方法，这部分是应用对应的操作链"查找、替换、调整、验证"999 次的地方。如上文所述，这部分是特殊对象知识的载体，如我们例子中的表名。

3.4.2　新范式下域通用知识的处理机制分析

采用新方法，域通用知识的载体只需编辑一遍就够了，而用传统方法则需对其进行 999 次手工的复制和粘贴。换句话说，采用新方法，域通用知识是集成的，而非分散。生成的 1 000 个 DELETE 语句尽管也包含这些载体，但它们主要并非是用来阅读、理解和更改的，犹如一段二进制码。这样，域通用知识的载体可始终保持不变，毒性的"调整"，对其也奈何不得。

新范式保持域通用知识集中，而这也正是新方法能够显著提高数据仓库构建效率的关键所在。

3.4.3　新范式下特殊对象知识的处理机制分析

采用新方法，我们确切知道特殊对象知识将置何处。这样就不需做"查找 & 替换"了。此外，我们确切知道应取用哪一特殊对象知识，并且我们总能获取正确的特殊对象知识。因此，我们也不需做"调整 & 验证"了。简言之，我们再也不需前文中分析过的费时耗力的操作性重复了。因此，与传统方法相比，新方法的效率明显提高。

但问题是，我们如何获取这些特殊对象知识呢？上面 3.4.1 小节中关于生成器技术说明的第二点，给我们的印象可能是我们得手工地将相关表的信息存入到目录表中去。如果真是这样，采用新方法仍不能实质性地改进传统方法之不足。因为手工操作总的来看也还是易错，而且我们仍须对结果进行逐一"调整 & 验证"。

实际上，我们可以免费获取所有这些信息。使用当今的任何数据库管理系统，在给定的宿主数据库如"my_db"中建表时，其表名、宿主数据库名等信息将作为记录自动并完整地保存在表"tables"或类似的系统目录表中。如果其后此表被删除，有关它的信息也会自动且完全彻底地从目录表中去除。简言之，一个表存在于数据库之中，当且仅当目录表"tables"中有其对应的记录。虽然用户感觉不到，这信息确实存在于系统目录之中。为了使我们的例述完整，上述语句生成器应为下状：

SELECT　　′DELETE FROM my_db.′ ‖ table_name ‖ ′;′

FROM　　　**system**_catalog. tables

WHERE　　database_name =′my_db′;

这里，"**system**_catalog"替换了"**my**_catalog"。事实上，上面提到的所谓"信息"，不论是存储在"my_catalog"还是存储在"system_catalog"中，就是我们所说的特殊对象知识。

3.4.4　操作型元数据

操作型元数据定义操作或系统元素，以及这些元素在系统中的相互关系，并以此确定系统行为或状态。因此，为使系统正常运行，操作型元数据是不可或缺的。操作型元数据的例子有如一个表的列清单，或从源表到目标表的列映射。前者通常存储在系统目录中，如前面提到的"system_catalog"，并且由系统自动维护。后者则存储在用户或基于工具定义的目录中，如前面提到的"my_catalog"，并由系统构建者手工维护。对于业务用户来说，操作型元数据是存储于系统某个角落的，他们并非总能理解的一些数据。因此，他们对其通常也不感兴趣。值得一提的是，基于定义，操作型元数据是针对特殊对象的。事实上，在构建数据仓库时，那些不重复的活动都与操作型元数据有关。这里必须逐一特殊地处理每个具体对象，如表和映射。这也是我们为何在上文说"特殊对象知识就是操作型元数据"的原因。

用上面解释的术语，此处开头提到的新的数据仓库构建方法现可称为受操作型元数据驱动的集成域通用知识的方法。这个名称虽然有点长，但却完整无缺。

3.4.5　元数据驱动集成域通用知识的数据仓库构建范式分析

以上，我们分析了传统数据仓库构建范式的行为模式，并指出，因分散域通用知识，旧范式效率不高。在此观察的基础上，我们假设，若域通用知识保持集中，数据仓库的构建效率应会得到实质性提高。由此我们提出一新的构建范式。事实上，提高生产率 20 多倍的实现已给此假设以不可辩驳的证实。

与图 3-3 相对应，图 3-4 展示了新范式对数据仓库构建的影响。

在此，"DDT 团队"代表一个包括设计人员、开发人员和测试人员的

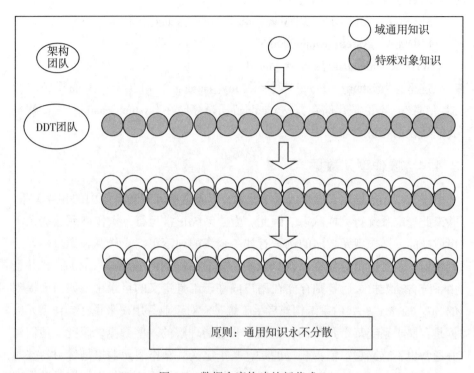

图 3-4　数据仓库构建的新范式

团队，其作用是同时进行操作型元数据的输入和测试。他们使用相应的，如程序生成器的通用程序，以从这些元数据生成目标程序，并随后执行这些生成的程序，以此来校验输入的元数据。如果这些生成的程序还不能运行，他们则修改元数据，直至生成的程序运行正常。一般来讲，他们不再关注通用知识的处理。由此，他们也就没有任何机会诠释通用知识了。这样，上文中给予广泛讨论的数据仓库构建低效之主要原因，即通过编程所导致的对通用知识的多个版本的诠释，则可得以完全避免。仅是在架构团队里，域通用知识得以确定、封装或直接硬编码成少量的(一打左右)通用程序，譬如作为域通用知识容器的程序生成器，由此实现了域通用知识的集成。这种形式的集成无疑使这些(小数量的)通用程序的有效维护及准确实时的文档记载成为可能。请注意，操作型元数据总是被准确地记录并保持时新的，因为它正是用于生成目标程序的操作型元数据。

这里值得注意的是,两类知识在图中不再混合。并且,所有在图 3-3 中描述的其他活动完全消失了。图中仅剩两个团队,正好对应上述两类知识。现在可以清楚地看出,与传统的数据仓库构建范式相比,数据仓库构建的组织机构和方法论在此发生了根本性的改变。此外,在新范式中参与或得以训练的每个个人都会得到对构建现实的完全不同的感受。一旦接受了新任务,他们几乎总是会下意识地寻找隐蔽的通用知识。实际上,所有这些都是范式转换过程中所产生的典型的伴随现象。

3.5　现有 ETL 比较

3.5.1　手工 ELT

数据仓库概念提出之前,决策支持系统概念已经被人们广为接受。当时,没有专门工具用来构建收集、整合、存储、分析操作数据的信息平台,主要采用手工方式。手工 ELT 的工作流程如图 3-5 所示,其中,数据用自然的方法处理:

抽取:相关操作数据以某种方式从操作应用程序中抽取并直接转移到信息平台或转移到信息平台的一个投影系统上。

加载:利用相应 DBMS 提供的加载工具,将数据库中的这些数据加载到这个信息平台上。

转换:为接下来的查询和分析,使用 SQL 程序转换这些数据并存储在这个信息平台的数据库中。

这种方法的主要优势在于它的高性能,尤其是在信息平台的转换阶段,而它的不足在于低生产率、低质量、管理烦琐、不满意的文档质量。

图 3-5　手工 ELT 的工作流程

3.5.2　工具辅助的 ETL

为了提高生产率和程序质量，促进管理，在十余年里，开发了许多的数据仓库工具，大多数工具有以下的相似点：

- 图形用户界面。
- 这些工具的运行时系统基本上以一种离散的方式工作：
  - ◆ 抽取(Extract)　从数据源(如：平面文件或数据库表)抽取数据，并将它们送到 ETL 服务器，而不是直接进入信息平台，在 ETL 服务器中使用工具处理和转换数据。
  - ◆ 转换(Transform)　根据具体要求，逐行转换 ETL 服务器中的数据。
  - ◆ 加载(Load)　为了后续的查询和分析，将已经转换的数据加载到信息平台的目标数据库表中。

这些功能复杂的工具可以设计成独立于复杂信息平台系统的不同需求。这类 ETL 体系结构如图 3-6 所示，这种方法有以下不足：

图 3-6　工具辅助的 ETL 流程

- 配置弱　考虑到处理能力，相对于数据库服务器而言，ETL 服务器的配置要弱一些。
- 不适合的技术　ETL 服务器上典型的逐行处理模式的效率不是很高，尤其是当需要处理的数据量很大时。然而，在数据仓库实践中，处理大数据量是数据仓库的特色。有效地处理大数据量是用于承载数据仓库的专业数据库管理系统的主要需求之一。
- 繁忙的数据转换　待处理的数据通过网络连接来回地传输到整个系统边界，在一些情况下，这些连接不是足够强，一定程度上降低了处理性能。

3.5.3　工具辅助的 ELT

最近几年，为了提高系统的性能，人们将现有数据仓库工具进行了根本性的修改，并加快了对新工具的开发。像新工具一样，许多现有的有代表性的数据仓库工具移植到下面的修改的 ELT 目录中，如图 3-7 所示。

- 在数据仓库工具的控制下，从操作应用中抽取有关操作数据且直接转移到信息平台或信息平台的投影系统中。
- 在数据仓库工具的控制下，这些数据加载到信息平台的数据库中。
- 为了后续的查询和分析，在数据仓库工具的控制下，在信息平台上转换并在信息平台的数据库中存储这些数据。

这种方式保留了图形用户界面，性能也得到了一定改善。

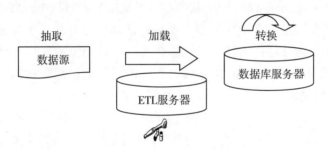

图 3-7　工具辅助的 ELT 流程

3.5.4　三种构建方法的比较

通过前面的分析，将以上三种方法在性能、生产率、软件质量、管理程序、文档质量等 5 个方面进行比较。比较时，用 A、B 两个等级（A 优于 B），而每个等级可以用后缀（+、−）表示其程度，如表 3-1 所示。

表 3-1　　　　　　　　　　　三种构建方法的比较

项目	手工 ELT	工具辅助的 ETL	工具辅助的 ELT
性能	A	B−	A
生产率	B	A−	A−
软件质量	B	A−	A−

项目	手工 ELT	工具辅助的 ETL	工具辅助的 ELT
管理程序	B	A-	A-
文档质量	B	A-	A-

3.6　基于 MGO 的数据仓库 ETL 构建方法

通过表 3-1 可以看出，上述三种构建方法存在或多或少的不足之处，尤其是其中许多活动是重复的。为了克服前面三种方法的不足，此处提出的构建数据仓库 ETL 的新方法，即，基于元数据驱动的通用操作符（metadata-driven generic operator：MGO）。其中心思想是在 ETL 过程中，有些活动是重复的，而有些不是，将重复的和不重复的活动区分开，让重复的活动仅执行一次。为了区分这些活动，将数据仓库里的活动分成通用知识和特定对象的元数据（Object-Specific Metadata）。所谓通用知识是指在感兴趣领域里具有普适性的知识，有时也称领域通用知识（Domain-Generic Knowledge），如：SQL 语法中的所有 CREATE、DELETE 语句；编辑操作中的 copy、paste、search、replace 等。特定对象的元数据是指具有专指性的知识。元数据主要分为描述性元数据（descriptive metadata）和操作元数据（Operative metadata）。描述性元数据目标是描述相应的主题，如：加载程序的文档等。而操作元数据定义了系统中的操作/系统对象和它们之间的关系，确定了系统的行为或随后的状态。比如：一个表的列或者从一个源表到目标表的列映射都是操作元数据。前者通常存储在系统目录中，由系统自动维护；而后者是存储在用户/工具定义的目录中，由系统构造器手动维护。在数据仓库 ETL 构建中，领域通用知识是重复的，而特定对象的元数据则不能重复。因此，对每个具体的对象（如：表或映射）它必须单独和专门地对待。事实上，每个表有它自己的定义元数据；每个列有它自己指定的元数据；每个目标列有它自己的从相应的源应用的列的映射。

此处构建新方法的工作流如图 3-8 所示，它与前述工具辅助的 ELT 方法类似，但是没有辅助工具。事实上，在生产率、软件质量、文档质量、管理程序和性能等关键方面甚至比现代专业的数据仓库工具使用的方法更好，而成本并未因此增加。其具体步骤如下：

①数据源　主要是从源应用的表中抽取数据,并将它们转移到数据仓库上的平面数据文件区。

②MGO　此方法的核心,主要依靠 12 个基本操作符,完成数据源到数据仓库的转换与加载。

③数据库服务器　按照存储格式要求,通过 MGO 转换过来的数据存储于此。

图 3-8　基于 MGO 的数据仓库 ETL 构建流程

从图 3-8 中可以看出,基于元数据驱动的通用操作符的构建是此类新方法的核心,图 3-9 给出了平面文件加载器(12 个基本操作符之一)的构建和实现的流程。其核心任务是将平面数据文件通过控制文件转换为数据仓库中的表。为了实现这一过程,先要利用存储过程,按控制文件的格式将元数据中的字段抽取出来,每一个字段写成一个控制文件。其简单的实现过程(Oracle)如下面的语句(此处?为通配符,根据实际情况替换成相应的字符):

```
SQL * PLUS
SPOOL '控制文件名'
SELECT Text FROM WT
ORDER BY No
SPOOL OFF

Sql_str = '??????'
Echo 'USER_ID = ???, PW = ???, CONTROL = '控制文件名' >f. pmf
Sqlldr PARFILE = f. pmf
```

这种方法实现了应用系统中的批量平面数据文件到数据仓库对应表的自动导入,将大大降低数据仓库 ETL 过程的复杂度。蒋彬等人已将这一方法应用于银行、保险等类型企业数据仓库 ETL 过程构建中,并取得了很好

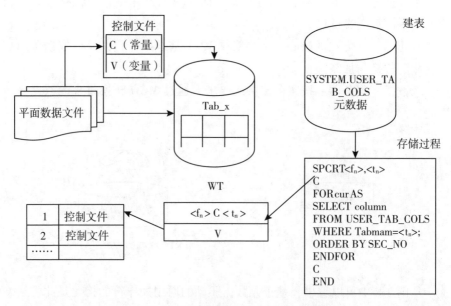

图 3-9 平面文件加载器的构建和实现的流程

的效果。

从实用角度来看，这种方法使得构建一个复杂体系结构的数据仓库是可以承受的，从而即使非常不利的数据源，依然可以得到高质量数据。从技术哲学的角度来看，这种方法代表了一种数据仓库建设的全新范式。它将使数据仓库的构建不再是一个复杂的问题。

本章参考文献：

[1] Archimedes[EB/OL].http：//en. wikipedia. org/wiki/Archimedes.

[2] Henry Ford[EB/OL]. http：//en. wikipedia. org/wiki/Henry_Ford.

[3] Bin Jiang. Data Warehouse Construction：How Would Great Engineers Have Done It？[EB/OL]. http：//www. b-eye-network. com/view/16285.

[4] Bill Inmon. Whatever happened to Code Maintenance？[EB/OL]. http：//www. b-eye-network. com/view/15863.

[5] Bin Jiang. Data Warehouse Construction：Behavior Pattern Analysis[EB/OL]. http：//www. b-eye-network. com/view/16390.

［6］Bin Jiang. Data Warehouse Construction: The Real Life［EB/OL］. http: // www. b-eye-network. com/view/16473.

［7］Bin Jiang. Constructing Data Warehouses with Metadata-driven Generic Operators and More［M］. Switzerland, CBJ Publishing, 2011.

［8］Jiang B. Data Warehouse Construction: A Constructional Paradigm Shift? ［EB/OL］. http: //www. b-eye-network. com/view/16797.

［9］Jiang B. Metathink: An Enterprise-Wide Single Version of the Truth, and Beyond ［EB/OL］. http: //www. b-eye-network. com/view/16538.

［10］Thammasak Rujirayanyong, Jonathan J Shi. A project-oriented data warehouse for construction［J］. Automation in Construction, 2006(15): 800-807.

［11］Joe Celko. Joe Celko's Analytics and OLAP in SQL［M］. San Fransisco: Morgan Kaufmann Publishers, 2006: 38.

［12］Robert J Davenport. ETL vs. ELT: A Subjective View ［EB/OL］. http: // www. dataacademy. com/files/ETL-vs-ELT-White-Paper. pdf.

［13］Vikas Ranjan. A Comparative Study between ETL (Extract-Transform-Load) and ELT (Extract-Load-Transform) approach for loading data into a Data Warehouse［D］. Chico: California State University, 2009: 2-6.

［14］Sabir Asadullaev. Data warehouse architectures and development strategy ［EB/OL］.https://www. ibm. com/developerworks/mydeveloperworks/blogs/ Sabir/resource/DWarchitecturesanddevelopmentstrategy. Guidebook. pdf? lang= en.

第 4 章　数据存储

　　近年来，大数据已经成为社会各界普遍关注的一个热点问题。维基百科中将"大数据"定义为无法在一定时间内用常规软件工具对其内容进行抓取、管理和处理的数据集合。大数据存储与管理要用存储器把采集到的数据存储起来，建立相应的数据库，以便管理和调用。由于从多渠道获得的原始数据常常缺乏一致性，这导致标准处理和存储技术失去可行性。并且数据不断增长造成单机系统的性能不断下降，即使不断提升硬件配置也难以跟上数据增长的速度。

　　大数据时代，数据来源发生了质的变化。在互联网出现之前，数据主要是人机会话方式产生的，以结构化数据为主。所以大家都需要传统的RDBMS 来管理这些数据和应用系统。那时候的数据增长缓慢、系统都比较孤立，用传统数据库基本可以满足各类应用开发。互联网的出现和快速发展，尤其是移动互联网的发展，加上数码设备的大规模使用，今天数据的主要来源已经不是人机会话了，而是通过设备、服务器、应用自动产生的。传统行业的数据同时也多起来了，这些数据以非结构、半结构化为主，而真正的交易数据量并不大，增长并不快。机器产生的数据正在几何级增长，比如基因数据、各种用户行为数据、定位数据、图片、视频、气象、地震、医疗等。

4.1　大数据时代数据管理面临的主要问题

　　大数据的 4V 特征对现有的数据管理技术提出了许多新的挑战。从存储的角度看，大数据管理面临的主要问题可归纳为如下几个方面：

①大数据存储架构的挑战：磁盘读写性能差，与主存的速度差距正在逐渐增大，使得传统的主存—磁盘存储架构越来越无法适应大数据管理的要求。

②大数据管理算法的挑战：随着新型存储介质越来越多地被运用于大规模分布式存储中，大规模分布式数据库中传统的持久化策略、索引结构、查询执行、查询优化、恢复策略等均是基于磁盘存储设计的，新型存储介质具有完全不同于磁盘的物理特性，因此无法发挥新型存储的优势。

③大数据管理的能耗挑战：能耗在现有大型数据管理系统(通常是数据中心)中的费用比例逐年升高(目前大约占总能耗的 16%)，给企业带来了沉重的经济负担。

4.2　大数据应用现状

所谓的"大数据应用"主要是对各类数据进行整理、交叉分析、比对，对数据进行深度挖掘，对用户提供自助的即席、迭代分析能力。还有一类就是对非结构化数据的特征提取，以及半结构化数据的内容检索、理解等。当前大数据应用主要以企业为主，企业成为大数据应用的主体。

大数据的应用分析是当下大数据应用的研究热点，已经有很多企业意识到数据的重要性并将自己的数据投付使用，期望通过对数据的分析对决策提供支持。根据 Gartner 公司 2013 年的调查，64% 的受访企业已经在大数据系统领域进行投资，超过 2012 年调查时的 58%。越来越多的科研人员、企业开始深入探索数据。这些数据的数据量达到 PB 或 EB 甚至更高的数量级，其中与时空相关的空间数据占 80% 以上。各个行业与互联网联系越来越紧密的同时产生了数据量不断增长的交互数据，如 GPS、社交网络数据等。互联网的发展使数据爆炸性地增长，2008 年，全球最大的搜索引擎 Google 每天要处理的数据量达到 20PB，2012 年 SlashGear(科技产品评测资讯网)报道称美国社交网络服务网站 FaceBook 每日数据量增长量已经超过 500TBW。据预测至 2020 年全球所产生的数据量将会达到 40EB，将催生强大的大数据存储、处理与分析需求。这些数据具有数据量大、实时性强、非结构化的特点，尤其对数据存储查询的实时性要求较高，相对而言对数据一致性、事务性要求较低。关系型数据库在存储数据的时候考虑事务性、数据一致性等约束条件，数据管理效率低，在管理海量数据上遇到瓶颈。NoSQL 数据库在管理非结构化数据上有很大的优势，能够满足数据存储的实时性及查询管理等高效性。

为了应对数据处理的压力，过去十年间在数据处理技术领域有了很多的创新和发展。除了面向高并发、短事务的 OLTP 内存数据库外(Altibase，Timesten)，其他的技术创新和产品都是面向数据分析的，而且是大规模数据分析的，也可以说是大数据分析的。在这些面向数据分析的创新和产品中，除了基于 Hadoop 环境下的各种 NoSQL 外，还有一类是基于 Shared Nothing 架构的面向结构化数据分析的新型数据库产品(可以叫做 NewSQL)，如：Greenplum(EMC 收购)，Vertica(HP 收购)，Asterdata(TD 收购)，以及南大通用在国内开发的 GBase 8a MPP Cluster 等。目前可以看到的类似开源和商用产品达到几十个，而且还有新的产品不断涌出。这类新的分析型数据库产品的共性主要是：架构基于大规模分布式计算(MPP)；硬件基于 X86 PC 服务器；存储基于服务器自带的本地硬盘；操作系统主要是 Linux；拥有极高的横向扩展能力(scale out)、内在的故障容错能力和数据高可用保障机制；能大大降低每 TB 数据的处理成本，为"大数据"处理提供技术和性价比支撑。

4.3　大数据处理技术要求

(1)高速的数据加载

数据的高速加载是大数据处理中的一个关键问题，例如 Facebook 每天要有 20TB 的数据存放到数据仓库中。在正常查询的时候，由于网络带宽、磁盘 I/O 在数据传输时的资源消耗瓶颈对大数据处理性能的影响很大，减少数据加载时间变得非常重要。

(2)高速的查询处理

为满足大量用户同时对系统提交实时查询请求和高负载数据查询，同时需要系统能够满足提供高速查询响应速度。这就要求底层数据存储结构，以最优的存储方式尽可能地减少数据在网络传输和磁盘 I/O 的时间消耗，满足在数据不断增长的同时能够高效处理查询请求。

(3)存储空间的高利用率

互联网用户的数量在不断增长，使得全球数据迅速增长。这就要求系统在存储和计算上有很好的扩展能力。有限的磁盘存储空间要求数据能够被高效的压缩存储，因此以何种数据存储结构存储具有很高的压缩比，能够使得磁盘利用率最高是重要的问题。

(4)适应动态高负载模式

对于不同的应用程序，不同的用户以不同的方式来分析大数据集。虽然一些数据分析以静态模式周期执行，大部分数据分析不遵循任何的常规模式。因此，需要系统在有限的存储空间下使用不可预测的数据分析请求，而不是在特定的模式下运行。

4.4 大数据存储系统关键技术概述

4.4.1 多副本技术

多副本存储技术通过物理存储资源对数据进行多重备份。分布式存储系统通常使用多副本技术来实现系统的可靠性。例如 Google 的 GFS 基于大量 Linux PC 构成的集群系统。GFS 集群系统由一台 Master 服务器与多台 Trunk Server 服务器构成。GFS 中的文件被分成大小固定的 Trunk，分别保存在不同的 Trunk Server 上，每个 Trunk 有 3 份拷贝，也保存在不同的 Trunk Server 上。开源分布式文件系统 HDFS 也采用了类似的多副本存储技。集群以管理者和工作者的模式进行运行，管理者通过名为 Namenode 的一个计算机实现，工作者通过名为多个 Datanode 的计算机节点实现。Namenode 对文件系统中的文件和目录进行维护。

4.4.2 容灾技术

存储容灾是在因灾难造成的信息丢失或损坏之后，为恢复数据以及系统的正常运行所采取的措施。容灾的过程分为备份和恢复。备份指一个系统正常运行时，通过网络把数据复制到本地或远程的存储设备中；恢复指当计算机发生故障导致数据丢失时，把数据通过远程的存储设备恢复到本地设备中。

容灾系统一般是一个专用的系统。对于容灾建设也是相当困难的，由于容灾设备没有办法进行共享，造成了资源利用率低下。此外，数据恢复过程中存在耗时问题，针对这一问题，提出了结构无关的并行容灾恢复技术，大大减少了容灾过程中的成本，同时也实现了灾后的及时恢复。

4.4.3 高性能存储技术

为了实现性能存储，可采用存储阵列扩展，以及分级存储技术。

存储阵列通过增加磁盘进行扩展，通过对数据的重新分布提高存储容量和 I/O 的性能。为了达到这一目的，需要存储性能和容量同步扩展，在进行扩展过程中存储阵列中的数据保持一致性。

4.4.4 NoSQL

目前，基于关系模型的分布式数据库无法满足大数据存储的需求，如高并发读写、存储和访问以及可扩展等问题。因此以 Google 为代表的 IT 公司纷纷推出了非关系型的数据库 NoSQL(Not Only SQL)。

NoSQL 是对非关系型数据库的统称，其具有高可扩展性、成本低廉、分布式计算等特点。

4.5 大数据存储平台

为了满足大数据存储与处理的需求，存储系统不再仅是传统单一的、分散的底层设备，而是要具备高性能、高安全、高可靠、虚拟化、并行分布、弹性扩展、自动分层、全局缓存加速、异构资源整合等特性。

4.5.1 Hadoop 平台

目前，大数据的处理系统有很多，具体有：批量数据处理的 Hadoop；流式数据处理包括 Twitter 的 Storm，Facebook 的 Scribe，Linkedin 的 Samza，Cloudera 的 Flume 及 Apache 的 Nutch；交互式数据处理包括 Berkeley 的 Spark 和 Google 的 Dremel。其中，Hadoop 凭借其优越的性能，并且集数据存储、数据处理、系统管理于一身，具备强大的系统解决方案，已成为当前大数据处理的主流平台。

4.5.1.1 Hadoop 平台简介

Hadoop 的核心组件包括 HDFS 和 Map Reduce，HDFS 提供海量数据的存储能力，Map Reduce 提供海量数据处理的编程接口。HDFS 具有分布式、高容错的特点，能够部署在廉价的 PC 机上，对硬件能力要求较低。随着互联网相关开源人士的不断努力，Hadoop 也不断趋于成熟，吸引着许多 IT 企业投身到 Hadoop 研究中，并纷纷在 Hadoop 平台上搭建自己的大数据处理系统。

目前，Yahoo 在 Hadoop 的研究中投入了大量资源，它对 Hadoop 的贡献率高达 70%。Yahoo 公司早在 2005 年就成立了研究组织专注于 Hadoop 的研发，并且其集群节点由 20 个扩展到 2011 年的 42 000 个，具备一定的生产规模。在应用方面，Yahoo 也积极地将 Hadoop 与自己的产品相结合，在内容搜索、广告定位、用户兴趣预测等方面起到了十分重要的作用。

Facebook 拥有的用户数量众多，所需处理的数据量也十分庞大，它目前运行着的可能是世界上规模最大的 Hadoop 数据收集平台，并在 Hadoop 平台上构建了日志系统、推荐系统和数据仓库系统等。2012 年，Facebook 公布了开源的 Corona 项目，它是对 Map Reduce 的改进，能够更好地利用集群资源，Facebook 凭借其强大的自身实力，对 Hadoop 提供强有力的支持。

百度公司占据着中国网络搜索市场份额第一的位置，随着网络用户数量和搜索需求的不断增长，百度需要处理的数据量也越来越大。自 Hadoop 出现后，百度就对其进行了多方面的研究并取得了不错的效果。目前，百度部署的 Hadoop 节点已达 20 000 多个，其中最大规模的集群节点数已超过 4 000 个。结合自身特点，百度还对 Hadoop 相关技术进行了改进，来进一步提高数据处理效率。

此外，阿里巴巴也是 Hadoop 的积极应用者，它使用的 Hadoop 集群是全国最大的 Hadoop 集群之一。2009 年，基于 Hadoop，阿里巴巴推出了代号为"云梯"的分布式数据平台并将其应用于电子商务数据的处理，该数据平台在阿里巴巴多次考验中打下了坚实的基础。利用 Hadoop 进行大数据处理已经获得广泛应用，科研、IT、金融、传媒、电子商务、制药、能源等行业都对 Hadoop 大数据应用做出响应，其中应用系统研发、计算模型和服务需求等的研究正在不断发展中。

4.5.1.2　Hadoop 存储架构

此框架采取分层的结构，划分的 4 个层次为数据集成层、数据存储层、编程模型层和数据分析层，如图 4-1 所示。

数据集成层：数据集成层位于整个框架的最下方，它为系统提供所需

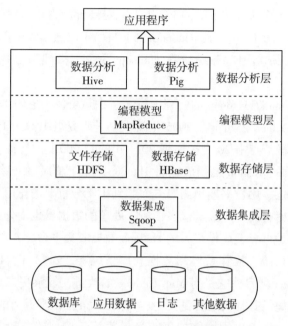

图 4-1　Hadoop 分层存储架构

处理的源数据，这些数据包括存储在数据库中的数据、各种应用数据、系统运行产生的日志数据等。在大数据环境下，这些数据类型复杂、灵活多变，既有结构化、非结构化和半结构化数据，也有文本格式的日志数据、媒体格式的网络数据等。在这些数据中，有的能够直接存储于 HDFS 中，有的能够直接被 Map Reduce 处理。但如果系统要对存储于传统数据库中的数据进行处理时，需要通过外部 API 访问这些数据，这显然会降低数据处理效率，因此引入了数据集成层，它负责在外部数据源和数据存储层之间进行双向适配，从而方便高效地实现数据的导入和导出。在 Hadoop 技术框架中，Sqoop 组件能够很好地完成这一工作。

数据存储层：数据存储层根据分布式文件系统技术，将数量众多、分布在不同位置的底层存储设备通过网络连接在一起，通过接口为上层应用提供数据访问的服务能力，数据存储层还支持海量大文件的高效并行访问。此外，数据存储层提供了数据备份、状态监测与故障容忍等多种机制来保障数据的可靠存储。HDFS 和 HBase 是数据存储层的重要组件。

编程模型层：编程模型中的组件为大数据处理提供一个可靠抽象的并行计算编程模型，并为此模型提供编程环境和运行环境。编程模型的运行效率决定着整个大数据处理流程的效率，因此编程模型层是整个 Hadoop 大数据处理框架中的核心层，目前，Map Reduce 是这一层应用最为广泛的组件。Map Reduce 在整个框架中起到上、下层的连接作用，一方面可以利用 Map Reduce 构建数据处理程序对存储在 HDFS 中的数据进行处理，另一方面上层的数据分析组件也利用 Map Reduce 的计算能力进行数据分析。

数据分析层：大数据处理过程中最重要阶段就是数据分析。数据分析层的核心工作是构建数据模型、挖掘商业价值等。数据分析层中的组件能够为数据分析人员提供一些高级的分析工具，以提高其工作效率。Hadoop 技术体系提供的用于数据分析的组件包括 Hive 和 Pig。

基于上面的 Hadoop 大数据处理框架，此处进一步对数据存储层进行了研究，在数据存储层梳理了 Hadoop 大数据存储的流程。Hadoop 大数据存储涉及两个阶段，即大数据预处理阶段和大数据存储阶段，在存储阶段还要兼顾大数据存储容错来提高系统可靠性，具体如图 4-2 所示。

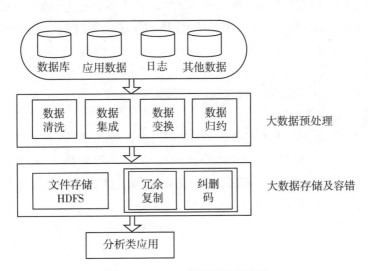

图 4-2　Hadoop 大数据存储流程

4.5.2　Spark 平台

4.5.2.1　Spark 简介

Google GFS 与 Map Reduce 是当前应用较多的分布式存储和并行计算模

式，其开源产品 Hadoop 是典型的大数据处理平台。但是，尽管 Hadoop 不断升级，仍不能完全胜任所有大数据并行计算，无法适应对实时性要求较高的应用。此外，Hadoop 的图计算、迭代计算能力不强，同一个组织内同时完成数种大数据分析任务转换代价高。为了解决这些问题，出现了基于内存计算的大数据并行计算框架 Spark。Spark 于 2009 年由美国加州大学伯克利分校 AMPLab 推出，2013 年成为 Apache 软件基金会项目，2014 年成为 Apache 的顶级项目。Spark 支持的 Map Reduce 算法实现了基于内存的分布式计算，具有 Map Reduce 的优点，但与 Map Reduce 不同的是 Spark 能在内存中保存结果，很好地解决了 Hadoop 高延时的问题。对于机器学习、模式识别等迭代型计算问题，Spark 的计算速度比起 Hadoop 平台上往往会有几倍到几十倍的提升。2003 年以来 Spark 逐渐获得学术界与工业界的认可，成为大数据处理技术的研究热点、新一代大数据处理平台的首选。作为 Hadoop 的替代者，大量 Spark 应用在工业界落地，研究、开发、应用 Spark 技术的热潮已在全球形成。

2015 年 6 月 15—17 日，近 2 000 位技术专家参加的 Spark Summit 2015 在美国旧金山举行，来自 Databricks、UC Berkeley AMPLab、Baidu、Alibaba、Yahoo、Intel、Amazon、Red Hat、Microsoft 等数家公司举行了 100 个精彩报告，将 Spark 技术研究推向了新的高峰。

典型大数据存储技术如下：

(1)采用 MPP 架构的新型数据库集群与内存数据库

这类存储技术倾向于大规模结构化数据。通常基于 MPP（Massive Parallel Processing）架构，采用新型数据库集群，利用高效的分布式计算模式，利用行列混合或列式存储以及粗粒度索引等技术，实现对 PB 量级数据的存储和管理。列存储数据库针对数据分析的特征，对数据进行了高压缩，查询数据时只需对所需的列进行搜索，节省了 I/O 时间，提高了总体性能。

随着内存成本逐渐降低、单机内存不断增加，以 SAP HANA 带头的内存数据库也在应用列存储的技术，对数据进行高效率的分析，成为 TB 级别数据仓库的先进技术，在企业分析领域获得广泛应用。

但是，MPP 并行数据库和内存数据库所需硬件昂贵，其中大部分的商业软件使用的许可证价格高昂，影响了其应用推广。

(2)基于 Spark 开源体系的大数据系统

Spark 生态系统主要包括 Hbase、HDFS、Zoo Keeper、Map Reduce、

Hive、Oozie、Pig 等核心组件，以及 Sqoop、Flume 等框架。

Impala 是由 Cloudera 开发的一个开源查询软件，支持在 Hbase 或 HDFS 上进行交互式 SQL 查询。

Impala 通过类似于分布式的查询引擎，对 HDFS 或 Hbase 数据库直接使用 SELECT、JOIN 等查询语句的关键字进行数据查询，在一定程度上降低了查询延迟。

（3）MPP 并行数据库与 Spark 混合集群

这类存储技术用于存储结构化和非结构化混合的大数据，可对 PB、EB 量级的数据进行存储和管理。应用 MPP 对结构化的数据进行高性能的计算与管理；应用 Spark 可对非结构化与半结构化的数据进行检索，实现数据挖掘和分析预测等应用。

4.5.2.2　基于 Spark 的大数据存储系统的软件结构

基于 Spark 的大数据存储系统的软件结构，如图 4-3 所示。

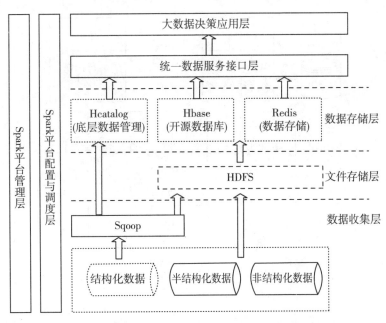

图 4-3　基于 Spark 的大数据存储系统的软件结构图

图 4-3 中数据收集层主要负责收集结构化、半结构化以及非结构化数

据。软件工具 Sqoop 作用是转换 Spark 集群与关系型数据库中的数据，并且可把关系型数据库的数据存储在 HDFS 上。文件存储层支持 Spark 计算框架的分布式大数据存储系统。数据存储层的组成主要是 Hcatalog、Hbase、Redis。Hcatalog 用于数据库表和底层数据管理；Hbase 是一个基于分布式、面向列的 NoSQL 开源数据库；Redis 负责主从服务器之间的同步操作。大数据存储系统的统一数据接口可兼容不同设备的数据传输机制，提供统一和强兼容性的大数据读写接口。大数据应用层基于下面各层的支持，可部署各种需要大数据存储支持的大数据应用系统。系统平台配置与调度模块负责对系统的参数配置，并调度、分配大数据存储系统的资源。平台管理模块主要负责大数据存储系统的管理，包括访问权限管理、用户管理、系统备份管理等。

4.5.2.3　基于 Spark 的大数据存储系统的运行总体流程

基于 Spark 的大数据存储系统的运行总体流程如图 4-4 所示：

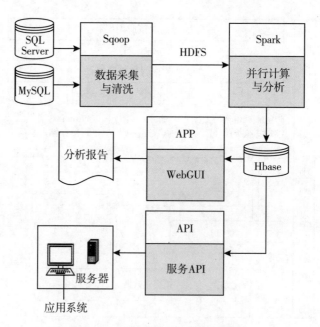

图 4-4　存储系统运行总体流程图

由图 4-4 可见，存储系统采集的数据先写入 Hbase 集群，然后由 Spark

转成 HDFS 进行存储、分析计算，分析生成的数据再写入 Hbase 数据库中，经由 Web GUI 以及标准的 API 交付给应用系统。

4.6   大数据存储技术

4.6.1   现有数据存储结构

4.6.1.1   行式存储结构

行式存储结构是传统关系型数据库存储结构，记录以行的形式存储在数据库关系表中。在添加行时，每条记录中的所有列都需要存储，且记录被连续地存储到磁盘的页块中。在分布式系统存储下，表按行水平分割，每行中所有数据存放在同一个 HDFS 块中。

图 4-5 表示以行式存储的数据结构在 HDFS 块中的分布。

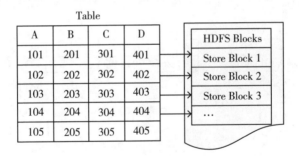

图 4-5   行式存储结构在 HDFS 块的分布图

（1）行式存储在 Hadoop 集群 Data Node 节点间的数据分布分析

以行式结构存储时，每行中的所有列存放在同一个 HDFS 块中。在分布式文件系统 HDFS 中，大表中的数据按行水平分割，分割后每组数据可能分布在不同的 Data Node 节点上。行式存储在 Hadoop 集群 Data Node 节点间的数据分布结构图如图 4-6 所示。

（2）行式存储时数据读取操作分析

若读取行中 A 和 C 两列，首先读取本地 Data Node 节点上所有符合条件的行，然后从筛选后每行中选择 A 和 C 两列数据，过滤掉不需要的 B 列和

D 列。行式数据读取操作示意图如图 4-7 所示。

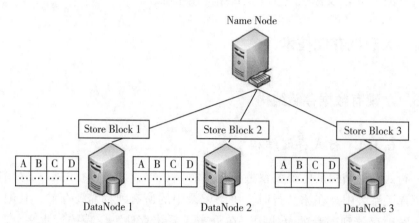

图 4-6   行式存储结构在 Data Node 间的分布图

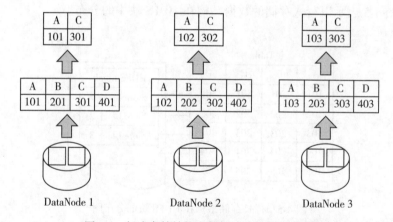

图 4-7   行式存储结构在数据读取操作示意图

(3)行式存储结构的优缺点

优点：数据加载速度快，所有数据都首先从本地 Data Node 节点读取，若本地没有再从其他节点上读取，可获得最少的网络带宽消耗。

缺点：每行中的所有列都存放在相同的 HDFS 块中，在读取一行记录数据时，行中所有列都需从磁盘上读取，不需要的列也会被读取，这样会额外增加磁盘 I/O 开销。每列存储的数据类型不一样，在数据压缩时不同数据类型压缩效果很差，这样导致磁盘空间利用率降低，同时在数据加载时也增加了磁盘 I/O 开销。

4.6.1.2　列式存储结构

列式存储结构是将关系表按列垂直分割成多个子关系表，分割后的每组子关系表中的所有数据存放在同一个 HDFS 块中，每一列都独立存储。列式存储的数据结构在 HDFS 块中的分布如图 4-8 所示。

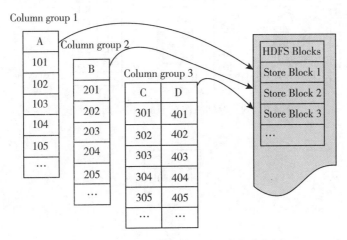

图 4-8　列式存储结构在 HDFS 块的分布图

（1）列式存储在 Hadoop 集群 Data Node 节点间的数据分布分析

以列式结构存储时，每列中所有数据存放在同一个 HDFS 块中。在分布式系统 HDFS 中，大表中的数据按列垂直分割，分割后每组数据可能分布在不同的 Data Node 节点上。列式存储在 Hadoop 集群 Data Node 节点间的数据分布结构图如图 4-9 所示。

（2）列式存储时数据读取操作分析

若读取行中 A 和 C 两列，A 和 C 列分别存放在两个不同的节点上，首先从 Data Node 1 上读取 A 列所有数据，再从 Data Node 3 上读取 C 列数据，最后通过网络将数据传输到同一个机器上。列式数据读取操作示意图如图 4-10 所示。

（3）列式存储结构优点和缺点分析

优点：只读取有用的列，能够避免额外的磁盘 I/O 开销。同时，同一列中的数据类型相同，在数据压缩时有很好的压缩比，提高磁盘的空间利用率。

缺点：列式存储是按列垂直分割，不同的列可能分布在不同的数据节

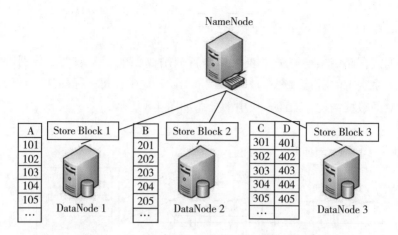

图 4-9　列式存储结构在 Data Node 间的分布图

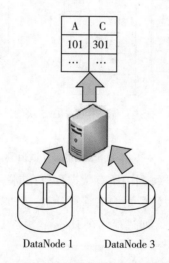

图 4-10　列式存储结构在数据读取操作示意图

点上，读取不同列的数据会跨节点访问，增加了网络传输所消耗的时间。

4.6.2　三种类型的大数据存储技术简介

针对不同类型的海量数据，业界提出了不同存储技术，主要有以下三种。

4.6.2.1　存储海量非结构化数据的分布式文件系统

分布式文件存储的特点之一是为了解决复杂问题而将大任务分解为多

项小任务，通过让多个处理器或多个计算机节点并行计算来提高解决问题的效率。

分布式文件系统能够支持多台主机通过网络同时访问共享文件和存储目录，大部分采用了关系数据模型并且支持 SQL 语句查询。为了能够并行执行 SQL 的查询操作，系统中采用了两个关键技术：关系表的水平划分和 SQL 查询的分区执行。

水平划分的主要思想是根据某种策略将关系表中的元组分布到集群中的不同节点上，由于这些节点上的表结构是一致的，因此便可以对元组并行处理。在分区存储关系表中处理 SQL 查询需要使用基于分区的执行策略。分布式文件系统可通过多个节点并行执行数据库任务，提高整个数据库系统的性能和可用性。

在分布式文件系统中，比较代表性的是 Google 的 GFS 和开源的 HDFS（Hadoop Distributed File System）。HDFS 对应用程序的数据提供高吞吐量，适用于那些大数据集应用程序。HDFS 开放了一些 POSIX 的必须接口，容许流式访问文件系统的数据。HDFS 是主 / 从结构，由一个名字节点和多个数据节点组成。HDFS 将大规模数据分割为多个 64 MByte 的数据块，存储在多个数据节点组成的分布式集群中。随着数据规模的不断增长，HDFS 只需要在集群中增加更多的数据节点即可，具有很强的可扩展性；同时每个数据块会在不同的节点中存储 3 个副本，具有高容错性；数据的分布式存储可以提供高吞吐量的数据访问能力，在海量数据批处理方面有很强的性能表现。

4.6.2.2　存储海量无模式的半结构化数据的 NoSQL 数据库

由于传统关系型数据库在数据密集型应用方面显得力不从心，主要表现在灵活性差、扩展性差、性能差等方面。以 Oracle、SQL Server、DB2、Sybase、MySQL 等为代表的关系数据库，无法实现大数据的高速处理。大数据环境下的数据请求负载非常大，经常会达到每秒上万次的读写请求，首先关系数据库在实现高并发的读写方面性能不足，而且关系数据库在数据量非常大，例如上亿条数据时，查询性能较低；其次，横向扩展性差，无法部署到超过 1 000 个节点规模的集合。

面对传统关系型数据库在处理数据密集型应用方面的不足，NoSQL（Not Only SQL）数据库应运而生。NoSQL 摒弃了传统关系型数据库管理系统的设计思想，采用了不同的解决方案来满足扩展性方面的需求。由于它没有固定的数据模式并且可以水平扩展，因而能够很好地应对海量数据的挑战。相对于关系型数据库而言，NoSQL 最大的不同是不使用 SQL 作为查询语言。NoSQL 数据库主要优势有：避免不必要的复杂性、高吞吐量、高水平扩展能力和低端硬件集群，避免了昂贵的对象-关系映射。

为了解决关系型数据库的不足，不同的技术公司推出了自己的数据库设计方案，如 Google 设计了 BigTable，它是一个稀疏的、分布式的、持久化的多维有序 Map。这张 Map 针对行键、列名和时间戳建立了一个三维结构，并构建索引，对于同一个数据单元的操作历史通过基于时间戳的版本信息进行区分。除了 BigTable，Yahoo 设计了 PNUTS 数据库，PNUTS 是一种采用弱一致性的 Key-Value 数据库；Amazon 设计了 Dynamo 数据库，Dynamo 采用分布式哈希表、向量时钟实现一个分布式的 P2P 数据库。BigTable、PNUTS、Dynamo 的成功促进非关系型数据库的发展，由此产生了一批未采用关系模型的数据库，这些方案现在被统一称为 NoSQL。

4.6.2.3　存储海量结构化数据的分布式并行数据库系统

Greenplum 是基于 Postgre SQL 开发的一款海量并行处理架构的、无共享的分布式并行数据库系统。采用 Master/Slave 架构，Master 只存储元数据，真正的用户数据被散列存储在多台 Slave 服务器上，并且所有的数据都在其他 Slave 节点上存有副本，从而提高了系统可用性。

4.7　NoSQL 数据库技术

与传统关系数据库不同，NoSQL 数据库是一种基于键值型数据结构的非关系型数据库。1991 年 NoSQL 数据库的概念出现于基于键值型数据存储的 Berkel DB 数据库中，Berkel DB 数据库主要应用在存储和读取效率要求高的平台上。2007 年 Google 提出的 BigTable 列值数据库奠定了 NoSQL 的基础 BigTable 是列式存储模型数据库，可将数据持久存储到数千节点。同年 Amazon 的数据库工程师发表了关于 Dynamo 数据库的论文。目前许多大中型互联网公司根据自身业务需求，设计开发自己的 NoSQL 数据库，例如 FaceBook 开发了 Cassandra，主要用于满足存储大规模数据的需求，它是基于列族存储的分布式键值型数据库。目前，研究者们基于 LeveDB 数据库引擎，

开发了 200 多个开源 NoSQL 数据库满足不同应用的需求。其中 Cassandra,
MongoDB, NEO4J 以及 Redis 被广泛地应用于互联网、商业服务等领域。

国内互联网迅速发展,在数据量不断增大、数据结构越来越复杂的趋
势下,数据的管理需要创新的模型。有许多因素推动用户完全或部分将数
据迁移到 NoSQL 数据库中,这些因素包括数据规模增长迅速,数据管理高
延迟和低性能,传统数据库的维护成本高等。国内许多在线服务平台已经
将 NoSQL 数据库作为关系型数据库的补充,例如京东(SSDB)、新浪
(Redis)、360(SSDB)、优酷等都在使用 NoSQL 数据库为平台的日常运维提
供支持。阿里巴巴根据其电子商务平台淘宝的需求开发了键值数据库系
统——Tair,系统支持基于内存的缓存存储及基于文件的持久化存储。国内
社区分享网站豆瓣开发了键值存储结构的数据库 BeanDB, BeanDB 是基于
HashTree 索引的 Dynamo 的简化版,主要应对海量数据的分布式和高同步一
致性的需求。可见基于内存的 NoSQL 数据库数据读写效率上相比基于磁盘
存储的传统关系型数据库更具优势, NoSQL 数据库管理大规模轨迹数据能
够有效提高轨迹数据读写效率,满足海量轨迹数据的时空轨迹查询及实时
存储需求。

作为对关系型 SQL 数据系统的补充, NoSQL 数据库能够极大地适应云
计算的需求,因此各种 NoSQL 数据库如雨后春笋般涌现。当前主要有 4 种
类型的 NoSQL 数据库,下面详细介绍 NoSQL 数据库。

4.7.1　NoSQL 数据库分类

NoSQL 数据库主要分为以下 4 种类型:

(1)键值(Key-Value)存储数据库

此类数据库主要会使用到一个哈希表,这个表中有一个特定的键和一
个指针指向特定的数据。Key-Value 模型对于 IT 系统来说,其优势在于简
单、易部署,如表4-1 所示。

表 4-1　　　　　　　　　　　　键值存储数据库

相关数据库	Tokyo Cabinet/Tyrant、Redis、Voldemort、Berkeley DB
典型应用	内容缓存,适合混合工作负载并扩展大的数据集
数据模型	一系列键值对

续表

优势	快速查询
劣势	存储的数据缺少结构化

（2）列存储数据库

此类数据库主要会使用到一个哈希表，这个表中有一个特定的键和一个指针指向特定的数据。Key-Value 模型对此类数据库通常用来应对分布式存储的海量数据。键仍然存在，但是它们的特点是指向了多个列，这些列是由列簇来安排的，如表 4-2 所示。

表 4-2　　　　　　　　　**列存储数据库**

相关数据库	Cassandra、HBase、Riak
典型应用	分布式的文件系统
数据模型	以列簇式存储，将同一列数据存在一起
优势	查找速度快，可扩展性强，更容易进行分布式扩展
劣势	功能相对局限

（3）文档型数据库

文档型数据库同第一种键值存储相类似。该类型的数据模型是版本化的文档，半结构化的文档以特定的格式存储，比如 JSON。文档型数据库可以看作键值数据库的升级版，允许之间嵌套键值，而且文档型数据库比键值数据库的查询效率更高，如表 4-3 所示。

表 4-3　　　　　　　　　**文档型数据库**

相关数据库	Couch DB、Mongo DB
典型应用	Web 应用
数据模型	一系列键值时
优势	数据结构要求不严格
劣势	查询性能不高，而且缺乏统一的查询语法

（4）图形数据库

图形结构的数据库同其他行列以及刚性结构的 SQL 数据库不同，它是使用灵活的图形模型，并且能够扩展到多个服务器上。NoSQL 数据库没有标准的查询语言（SQL），因此进行数据库查询需要制定数据模型。许多 NoSQL 数据库都有 REST 式的数据接口或者查询 API，如表 4-4 所示。

表 4-4　　　　　　　　　　　　　　图形数据库

相关数据库	Neo4 J、Info Grid、Infnite Graph
典型应用	社交网络，推荐系统等，专注于构建关系图谱
数据模型	图结构
优势	利用图结构相关算法
劣势	需对整个图做计算才能得出结构，较难做集群

但是 NoSQL 数据库在存储海量小文件时同样存在性能缺陷，如 BigTable 的开源实现 HBase 在存储数 KB 大小的文件数据流时，性能较好，所采用的层次写 Compaction 的方式，能减少磁盘随机写，然而，在将小文件作为 BLOB 存储时，会带来频繁的 Compaction 操作，产生写瓶颈，HBase 在面对 100kb 以上小文件存储时，性能会急剧下降。PNUTS 和 Dynamo 主要的服务对象是相对较小的记录，比如在线的大量单个记录或者小范围记录集合的读和写访问，不适合存储大文件、流媒体等。

4.7.2　典型 NoSQL 数据库

目前流行的 NoSQL 数据库系统如下：

（1）Bigtable

Bigtable 是分布式的存储系统，可处理大规模的数据。很多 Google 的项目使用 Bigtable 进行数据存储。

Bigtable 集群主要由客户端、主服务器（master server）、片服务器（tablet server）组成。主服务器的功能主要是进行片的分配、监控、平衡，表的处理和列族的建立等。当客户端读取数据时，直接与片服务器联系。这是由于客户端并不需要从主服务器得到片的位置相关信息，因此绝大多数客户端从来不访问主服务器，减轻了主服务器的负载。

（2）Dynamo

Amazon Dynamo 是典型的分布式 NoSQL 数据库系统，可跨数据中心部署上万个节点提供服务。

Dynamo 在 Amazon 中得到了成功的应用，其设计思想已在多个分布式系统中广泛应用。

（3）Hbase

Hbase 是 Google Big Table 的开源版本，模仿并提供了 Bigtable 数据库的所有功能，具有高可靠性、高性能、面向列、可伸缩、一致性等特点。利用 Hbase 技术可在廉价 PC Server 上搭建起大规模存储集群。

Hbase 基于 HDFS 进行文件存储；采用 Zoo Keeper 进行状态协同管理；使用 Map Reduce 进行分布式处理，执行数据块加载、扫描等操作。除了支持一级索引之外，还支持二级索引。

（4）Oracle 的 NoSQL

Oracle 的 NoSQL 数据库是其 Big Data Appliance 的一个组件，集成了 NoSQL Database、Hadoop、Oracle 数据库 Hadoop 装载器、Oracle 数据库 Hadoop 适配器以及 R 语言的系统。

Oracle NoSQL 数据库与 Oracle 数据库进行了深度集成。基于 SQL 的查询和表之间的连接可通过 Oracle 的外部表功能实现，它还支持 Hadoop 以及 Map Reduce 技术。

（5）Mongo DB

Mongo DB 是介于关系与非关系数据库之间的文档数据库，功能丰富且基于分布式文件存储。

Mongo DB 的查询语法功能类似于面向对象的查询语言，且支持单表查询和索引的建立。Mongo DB 支持 JAVA，C#，PYTHON，RUBY，PHP，C++等多种语言。

4.8　大数据存储策略

数据存储工具如百花盛开，常常让我们在选择数据存储技术时无所适从。正如设计需要结合业务场景，在对数据存储进行技术决策时，我们在充分了解各种存储工具的优缺点的基础上，同样需要结合具体的业务场景对其进行选择。决定的因素包括：数据源的类型与数据的采集方式；采集后数据的格式与规模；分析数据的应用场景。

如果数据的采集是针对业务历史数据的同步与备份，那么 HDFS 可能就是最好的存储选择；如果数据的格式为文档型结构，那么诸如 Mongo DB 之类的文档型数据库就可能是我们首要考虑的目标；如果存储的数据是要应对全文本搜索的应用场景，那么 ElasticSearch 可能才是明智选择。

另外，大数据平台数据存储的一个重要特征：相同的业务数据会以多种不同的表现形式，存储在不同类型的数据库中，形成 polyglot-db 这种产生数据冗余的生态环境，用于应对几种决定因素互相冲突的业务场景，例如既需要分布式的文档数据库，又需要支持高性能的统计分析。

4.9 大数据与云存储

上述存储技术能够针对某一类型的数据进行存储，但是大数据类型往往是结构化、非结构化数据并存的，大数据存储系统须能同时支持各种类型的数据统一存储。在这样的背景下，云存储成为大数据存储的必然选择。在存储资源获取接口上，云存储和传统存储在功能上并无差异，二者的区别体现在云存储可以按需提供易管理、高可扩展、高性价比的存储资源。

4.9.1 云存储

云存储是在云计算(cloud computing)概念上衍生发展出来的一个新的概念。云计算是分布式处理(Distributed Computing)、并行处理(Parallel Computing)和网格计算(Grid Computing)的发展，是透过网络将庞大的计算处理程序自动分拆成无数个较小的子程序，再交由多部服务器所组成的庞大系统经计算分析之后将处理结果回传给用户。通过云计算技术，网络服务提供者可以在数秒之内，处理数以千万计甚至亿计的信息，达到和"超级计算机"同样强大的网络服务。

云存储的概念与云计算类似，它是指通过集群应用、网格技术或分布式文件系统等功能，网络中大量各种不同类型的存储设备通过应用软件集合起来协同工作，共同对外提供数据存储和业务访问功能的一个系统，保证数据的安全性，并节约存储空间。简单来说，云存储就是将储存资源放到云上供人存取的一种新兴方案。使用者可以在任何时间、任何地方，透过任何可联网的装置连接到云上方便地存取数据。

就如同云状的广域网和互联网一样，云存储对使用者来讲，不是指某一个具体的设备，而是指一个由许许多多个存储设备和服务器所构成的集合体。使用者使用云存储，并不是使用某一个存储设备，而是使用整个云存储系统带来的一种数据访问服务。所以严格来讲，云存储不是存储，而是一种服务。云存储的核心是应用软件与存储设备相结合，通过应用软件来实现存储设备向存储服务的转变。

4.9.2　虚拟化

虚拟化技术作为云计算的重要组成部分之一，是将各种存储的资源进行整理方便高效利用的一种技术，它与传统的计算方式不同，表现在它可以对数据进行虚拟化的计算，它可以将一个比较复杂的资源换算成一个虚拟的资源，也可以将零散的资源通过整理组成一个较大的资源，方便了对数据进行整理。其虚拟化的技术主要有以下几种：

（1）虚拟服务器

虚拟服务器是将硬件资源进行分配管理，并在这基础上将软件进行虚拟化处理，使物理服务器能够承载多个虚拟服务器同时运行。这能够使一个物理服务器充分发挥它的效能，起到若干虚拟服务器的作用。使用虚拟服务器还能够统一管理、快速部署、故障恢复等，最大限度地发挥服务器的功能。

（2）虚拟存储

虚拟存储通过统一与整合管理云计算的存储资源，方便用户进行数据查找。统一整合管理云计算的分布式存储资源，并访问用户接口，做到节能减排、数据加密、安全认证，从而实现云存储系统本地化、硬盘化。

（3）虚拟应用

虚拟应用能够改变操作系统与硬件的应用关系，将底层系统与硬件的依赖关系，用虚拟方式表现出来。应用程序进行虚拟本地运行操作时，会自动屏蔽可能存在应用冲突的内容，做好兼容工作。

（4）虚拟平台

将开发资源虚拟化，模拟出一个统一接口，可以快速开发与传输应用，减轻开发人员的负担，更新云服务，方便用户使用，这个过程就是虚拟平台。开发工具与软件都能够支持虚拟平台的运行，它还具有测试环境、服务计费、排名打分、升级更新和管理监控等功能。

4.9.3　云存储系统分类

根据存储的数据类型不同和应用需求不同，云存储系统可以分为以下四种类型：基于块存储、基于文件存储、基于对象存储以及基于表存储。云存储的四类服务接口上，块存储和文件存储接口方面，已有的标准协议已经非常成熟，这里着重介绍基于对象的云存储和基于表的云存储。

(1)基于对象的云存储系统

大数据常常与对象存储混淆，因为对象存储可以轻松地处理奇怪的对象，并提供允许对数据进行控制的元数据结构。而且对象存储的成本比传统的 RAID 存储阵列要低得多。事实上，最常见的对象存储使用开源软件和 COTS(商用现成品或技术)硬件，也可以使用没有捆绑许可的软件。

对象存储设备配有 6~12 个驱动器，服务器主板和快速网络，而且越来越多的网络将采用基于 RDMA 的 100GbE 或 200GbE 网卡。即便如此，硬盘驱动器的速度变得如此之快，以至于这些网络速率仍然难以跟上。现在人们处在对象存储的 NVMe 以太网连接的边缘，这将带来延迟和吞吐量的飞跃。

还有开源的全球文件系统，这些系统已经在金融系统和高性能计算中使用了很多年。这些处理需要一定的规模，但没有扩展的元数据和其他灵活的扩展。

Amazon S3(Amazon Simple Storage Service)采用桶和对象的两层结构来存储数据，支持 REST 和 SOAP 两种访问协议，可与多种网络开发工具集成工作。作为最早的云存储服务，基于客户应用实践的积累，S3 在对象存储的功能丰富方面也走在业界前列，如对于超大数据(数据容量 5 TB)存储、BT方式下载以及第三方支付的功能支持等。由于针对 S3 应用开发的广泛性，围绕 S3 有一些开源项目，使 S3 的编程工作变得更加简单，方便非 HTTP 编程开发者使用。

(2)基于表存储的云存储系统

表结构存储是一种结构化数据存储，与传统数据库相比，它提供的表空间访问功能受限，但更强调系统的可扩展性。提供表存储的云存储系统的特征就是同时提高并发的数据访问性能和可伸缩的存储与计算架构。提供表存储的云存储系统有两类接口访问方式：一类是标准的 XDBC、SQL 数据库接口，另一类是 Map Reduce 的数据仓库应用处理接口。分布式数据仓库一般采用 MPP(Massive Parallel Processing)架构实现海量数据存储和处理以及高并发数据读写能力，它实现了 SQL 到 Map Reduce 的翻译、优化、执行和结果收集，具有良好的扩展能力。分布式数据仓库的代表系统有商业软件 Green Plum、中国移动 Huge Table、开源 Hive 等。

企业在制订大数据存储计划时需要考虑很多事情。主要为以下这些因素：

一旦创建了大数据存储的要求，就要考虑减少大数据的方式。大部分数据在一两天后都是垃圾数据，这取决于积极的报废协议。有些数据是具有价值的，所以这些数据应该存储和加密、备份，以及存档。

随着需求日益增长，公共云非常适合存储短期数据，特别是在突发情况下。存储桶能够以更低成本进行创建和删除，而且扩大规模并不是问题。

最后，大数据有时并没有那么大。对于使用 10TB 结构化数据的用户来说，100TB 似乎很大，但是它很容易适合于最小的 Ceph 集群。而如今存储100TB 的数据，这对于一些解决方案来说非常简单。

4.10　大数据存储标准

目前国内外对于大数据存储技术标准的研究刚刚开始，很多存储方面的标准化组织也开展了一些相关工作。

SNIA 在 2012 年 4 月成立了大数据分析技术委员会(ADBC)，致力于大数据分析的市场培育和拓展，并注重和大数据分析相关的产业主体的合作，共同推动大数据的市场拓展和教育。ADBC 技术委员会在大数据分析方面的工作侧重于存储和存储网络的使用。云标准客户委员会（CSCC)新成立大数据工作组致力于大数据标准的研究和培育。

此外，ITU-T、NIST、OASIS 也纷纷展开大数据方面的标准研究工作。

云存储作为大数据存储下一步的重点发展方向，其在标准化方面的工作值得大数据存储借鉴。因此，此处以基于对象的云存储为例，介绍其在存储接口方面的工作，以供大数据存储标准的制定借鉴。

4.10.1　大数据存储参考模型

CDMI(Cloud Data Management Interface)标准是由 SNIA 于 2010 年 4 月12 日推出的首个云存储标准，主要面向存储即服务(Daa S)，属于对象存储的范畴。CDMI 给出了整个云存储参考模型。按照存储系统提供存储资源接口的不同，云存储的接口可分为 4 类：块存储（如 iSCS）、文件存储（如 POSIX）、基于对象的存储（如 CDMI 和适配器转换方式 XAM），以及基于表的存储。

4.10.2　数据模型

SNIA 的 CDMI 借鉴了 Amazon S3 中对象和桶的两层架构，并且进一步采用五类对象进行数据存储管理和访问操作，包括容器对象、数据对象、域对象、能力对象和队列对象，其中后三个可以看作特殊的容器对象。每个对象通过多个 Key-Value 数据进行元数据描述。元数据包括安全和数据存储管理方面的元数据、用户自定义元数据等。

4.10.3　接口协议

SNIA 的 CDMI 支持 REST 接口协议，并在 HTTP 标准基础上进行了扩展。

4.10.4　操作能力

CDMI 除了对能力对象仅仅提供读操作以外，其他对象均支持增删改查 4 种操作。CDMI 还支持对域对象、队列对象和能力对象的操作能力。

4.10.5　服务使用方式

目前用户使用基于对象的云存储服务，主要有以下 3 种方式：

①直接采用 REST 或 HTTP 接口，编程实现与云存储系统的交互。

②通过与特定编程语言绑定的 API 开发包。这种方式通过在 REST 接口之上封装一层，可以提高特定语言开发者的编程效率。

③通过云存储运营商管理门户（Portal）或第三方管理软件实现。用户无须编程，直接通过图形界面使用，或直接使用管理软件，由管理软件调用 REST 接口实现存储的管理。这种方式下，用户对后台的控制能力受到 Portal 或第三方管理软件的限制。不同的支持方式可以服务于开发者、最终用户等不同需求的云存储用户。

从以上分析可以看出，云存储标准与大数据的存储标准需求在架构模型、数据模型、接口协议、操作模式以及服务使用方式上十分类似，但大数据存储本身还有许多特殊的需求，与大数据分析关系比较密切。因此，大数据存储标准可以在现有云存储标准上进行扩展，以适应大数据存储的需求。

本章参考文献：

[1]卢艳艳.基于 Hadoop 的大数据存储关键技术研究[D].华北电力大学硕士论文，2016.

[2]Ma K. Research and implementation of distributed storage system based on big data[C]. IEEE International Conference on Big Data Analysis，IEEE，2016：1-4.

[3]Ghasemi E, Chow P. Accelerating Apache Spark Big Data Analysis with FPGAs[C]. IEEE, International Symposium on Field-Programmable Custom Computing Machines, IEEE, 2016：94-94.

[4]曹刚.大数据存储管理系统面临挑战的探讨[J].软件产业与工程，2013(6).

[5]李海波，程耀东.大数据存储技术和标准化[J].大数据与云计算标准研究专题，2013(5).

[6]冯汉超，周凯东.分布式系统下大数据存储结构优化研究[J].河北工程大学学报(自然科学版)，2014(12).

[7]Shvachko K, Kuang H, Radia S, et al. The hadoop distributed file system[C/OL]//Mass Storage Systems and Technologies (MSST)，2010 IEEE 26th Symposium on. IEEE，2010：1-10.

[8]Kumar Subhash. Evolution of spark framework for simplifying big data analytics[C]. 2016 3rd International Conference on Computing for Sustainable Global Development (INDIACom)，2016.

[9]沈姝.NoSQL 数据库技术及其应用研究[D].南京：南京信息工程大学，2012.

[10][英]维克托·迈尔-舍恩伯格，[英]肯尼思·库克耶.大数据时代[M].杭州：浙江人民出版社，2013.

第 5 章　回归算法

5.1　从来源理解回归

　　谈到回归分析，不可避免地要谈到"回归"一词。中文的"回归"来源于英文单词 regression，仅从单词词意来看，该词有退化、复原的意思，指退回或恢复到以前的某一状态。若继续深究 regression 的内涵，可以追溯到英国遗传学家高尔顿，他在研究人类遗传问题中父代与子代的关系时首次提出这一单词。他通过研究发现，"即使父母都特别高(矮)，其子女一般不会比父母更高(矮)，而是有退回(恢复)到平均身高的倾向"。后来，他用"regression"这个词表达事物总是倾向于朝着某种规律发展的状态，即，回归是揭露事物的本质，利用从已有事物中发现的某种规律去预测事物未来可能的发展状态或进程。在统计学领域，回归是一种手段，目的是通过统计学模型高度总结数据中的规律，然后利用总结的规律去预测未知数据的结果。回归的目的，是得到一个最优的拟合曲线，即，回归是定量输出，或者说是对连续变量的预测。回归主要有线性回归、决策树回归、随机森林回归、梯度提升回归树等。

5.2　线性回归

　　所谓线性回归(linear regression)，就是利用线性模型对数值型变量进行拟合，并尽可能准确地对实值进行预测。

5.2.1 算法设计

　　线性回归是确定两种或两种以上变量间相互关系的一种统计分析方法，主要被用于研究可用直线描述变量之间关系的情形。线性回归使用拟合曲线描述因变量 Y 和自变量 X 之间的相互关系。给定数据集 $D = \{(x_1, y_1),(x_2, y_2), \cdots, (x_m, y_m)\}$，将这些数据描绘在 X-Y 直角坐标系中，我们需要利用坐标系中的点得到一条拟合曲线去描述自变量 X 与因变量 Y 之间的关系。在 X-Y 直角坐标系中，这些点的实际高度叫实际值，它们在拟合曲线上对应的值叫拟合值，实际值与拟合值的差叫残差。最理想的情况是拟合值能够与实际值一致，但是这种情况很难发生，退而求其次，我们需要选择拟合值与实际值最接近的情况，即拟合直线与各个点距离之和最小的情况，在这种情况下残差便是衡量拟合值和实际值之间差距的最好标准，由于残差在规定上存在正负（在拟合曲线上方，残差为正；在拟合曲线下方，残差为负），不能直接进行加减，所以一般采用残差平方和的方式进行衡量（见图 5-1）。

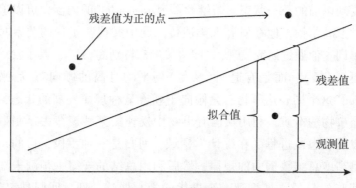

图 5-1　拟合值和残差

　　不妨设拟合曲线为：$Y=a+bX$，残差平方和记为 Q，则有：

$$Q = \sum_{i=1}^{n} (y_i - bx_i - a)^2$$

问题就变成了当 a、b 取何值时 Q 最小，通过变化 Q 可以变换为：

$$Q = n\left[a - (\bar{y} - b\bar{x})\right]^2 + b^2\left(\sum_{i=1}^{n}(x_i^2 - n\bar{x})^2\right) - 2b\left(\sum_{i=1}^{n} x_i y_i - n\,\overline{xy}\right)$$

$$+ \left(\sum_{i=1}^{n} (y_i^2 - n \bar{y}^2) \right)$$

也就是说，a，b 满足

$$b = \frac{\sum (X_i - \bar{X})(Y_i - \bar{Y})}{\sum (X_I - \bar{X})^2}, \quad a = \bar{Y} - b \bar{X}$$

当残差平方 Q 取最小值，可以得到最好的拟合曲线。

相应地推广到多元，拟合曲线为：

$$Y = b_0 + b_1 X_1^i + b_2 X_2^i + \cdots + b_n X_n^i$$

此时，Q 可以表示为

$$Q = \sum_{i=1}^{n} \left[y_i - (b_0 + b_1 X_1^i + b_2 X_2^i + \cdots + b_n X_n^i) \right]^2$$

此时，X 是一个向量，b 可以写成向量形式：

$$B = (b_0, \ b_1, \ b_2, \ \cdots, \ b_n)^T$$

$$X^i = (X_0^i, \ X_1^i, \ X_2^i, \ \cdots, \ X_n^i)$$

$$X_b = \begin{pmatrix} 1 & X_1^1 & X_2^1 & \cdots & X_n^1 \\ 1 & X_1^2 & X_2^2 & \cdots & X_n^2 \\ \vdots & \vdots & \vdots & \vdots & \vdots \\ 1 & X_1^n & X_2^n & \cdots & X_n^n \end{pmatrix} \quad B = \begin{pmatrix} b_0 \\ b_1 \\ b_2 \\ \vdots \\ b_n \end{pmatrix}$$

同一元线性回归相比，多元线性回归只不过将一维运算转化为向量运算。目的很明确，找到 b_0，b_1，b_2，$\cdots$，b_n，使得 Q 最小。

通过计算可得使 Q 最小的最优解：

$$B = (X_b^T X_b)^{-1} X_b^T y$$

5.2.2　流程及详细说明

线性回归算法流程如下：

步骤 1：建立模型。

根据自变量的个数，确定回归模型，设定拟合曲线：

① 一元线性回归设定为：$Y = a + bX$

② 多元线性回归设定为：$Y = b_0 + b_1 X_1^i + b_2 X_2^i + \cdots + b_n X_n^i$

步骤 2：参数估计。

根据最小二乘法(残差平方和最小化)估计最优参数：

①一元回归：$b = \dfrac{\sum (X_i - \overline{X})(Y_i - \overline{y})}{\sum (X_I - \overline{X})^2}$，$a = \overline{Y} - b\,\overline{X}$

②多元回归：$B = (X_b^T X_b)^{-1} X_b^T y$

步骤 3：预测。

根据步骤 2 求得的参数代入步骤 1 设定的模型中，得到拟合曲线，根据拟合曲线去预测未知数据。

5.2.3　线性回归的核心源代码及软件实现

线性回归的核心源代码(Python 语言)如下：

步骤 1：导入数据集求出特征矩阵和标签矩阵的转置。

```python
import numpy as np
from math import pow
import matplotlib. pyplot as plt


feature, label = load_data("data. txt")


def load_data(file_path):
    f = open(file_path)
    feature = []
    label = []
    for line in f. readlines():
        feature_tmp = []
        lines = line. strip(). split("\t")
        feature_tmp. append(1)
        for i in range(len(lines)-1):
            feature_tmp. append(float(lines[i]))
        feature. append(feature_tmp)
        label. append(float(lines[-1]))
    f. close()
return np. mat(feature), np. mat(label). T
```

步骤 2：根据最小二乘法求出回归系数。

```
w_ls = least_square(feature, label)

def least_square(feature, label):
    w = (feature. T * feature). I * feature. T * label
    return w
```
步骤 3:根据回归系数,得出回归模型。
```
save_model("weights", w_ls)

def save_model(file_name, w):
    f_result = open(file_name, "w")
    m, n = np. shape(w)
    for i in range(m):
        w_tmp = []
        for j in range(n):
            w_tmp. append(str(w[i, j]))
        f_result. write("\t". join(w_tmp) + "\n")
    f_result. close()
```
步骤 4:根据模型得到预测值并绘图,其图形如图 5-2 所示。

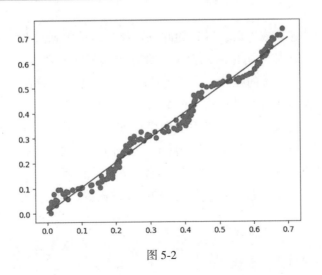

图 5-2

其中点为训练数据的散点图，线是得到的线性回归模型。

5.3　决策树回归

　　由于实际生活中大部分问题是非线性问题，仅仅依靠线性回归去做全局线性模型，显然不太可能。为了解决非线性问题，人们提出了决策树回归，其主要思想是利用树的思想去划分数据，将大数据集切分成多份容易利用线性回归处理的小数据集。如果切分后的数据集难以拟合成线性模型就继续往下切分，直到所有切分后的数据集都能用线性回归来处理。显然，决策树回归是一种贪心算法，它要在给定的时间内做出最佳选择，但不关心能否达到全局最优。如何衡量是否达到了最佳的切分效果？显然，用于衡量分类树的最大熵不能很好地衡量是否达到了最佳的切分效果，而均方差作为一类反应数据集的离散程度的重要指标，显然是衡量标准的最佳选择。被预测数据值偏离平均数的越多，偏离的越离谱，均方差就越大，依靠最小均方差能够找到最合适的数据集切分点。

$$标准差(均方差)：\sigma = \sqrt{\frac{\sum (x - \bar{x})^2}{n}}$$

有时候为了简化计算也用方差代替：

$$方差：\sigma^2 = \frac{\sum (x - \bar{x})^2}{n}$$

　　回归树构建完成以后，遇到的问题可能就是能够通过线性模型处理的部分也进行了切分，换句话说就是对数据中的噪声和离群点进行了切分，导致产生了一些杂乱的枝叶，这样的情况通常被叫做过拟合(Overfitting)或过度学习，需要通过剪枝操作去除均方差较小的分支，即，去掉区分度不大的分支，因为这些分支可以用线性模型进行全局处理，这种剪枝方式通常被称为预剪枝。还有另外一种剪枝，是在回归树建立完毕以后，根据训练集和测试集实际情况去进行剪枝，例如：通过测试合并2个叶节点合并前后的误差情况，去考虑是否剪枝，这种剪枝方式被称为后剪枝。

5.3.1　流程及详细说明

　　决策树回归算法流程如下：

步骤 1：数据集准备。

确定大小合适的训练集和测试集，依次遍历每个连续属性的特征 F，并将特征对应的值按大小排序，分别选取两个相邻值的平均值作为分割点。

步骤 2：模型树的建立。

求解每个分割点的标准差或方差，找出最小标准差 σ 或最小方差 σ^2 对应的值，依据该值，将训练集分割成两个部分，被划分后的两个部分再次计算最佳切分点，以此类推，直到不能继续进行划分为止。

步骤 3：剪枝。

通常，在建立模型树的阶段就可以依靠数据的区分度进行预剪枝，去掉区分度不大的枝叶，再根据合并两个叶节点的误差情况以及训练集的要求情况进行后剪枝，反复操作直到符合要求。

步骤 4：测试。

通过对测试集的测试，验证回归树的划分是否合理，是否符合要求，若存在问题，则再进行适当的调试。

5.3.2　决策树回归的核心源代码

决策树回归的核心源代码（Python 语言）如下：

步骤 1：随机生成满足余弦函数的数据，构建树的节点类。

```python
import numpy as np
import matplotlib. pyplot as plt


class node:
    def __init__(self, fea=-1, val=None, res=None, right=None, left=None):
        self. fea=fea
        self. val=val
        self. res=res
        self. right=right
        self. left=left


X_data_raw=np. linspace(-5, 5, 120)
np. random. shuffle(X_data_raw)
```

```
y_data = np. cos(X_data_raw)
x_data = np. transpose([X_data_raw])
y_data = y_data + 0. 1 * np. random. randn(y_data. shape[0])
```

步骤2：利用 CART 构建回归树，得到预测值。

```
clf = CART_REG(epsilon = 1e-4, min_sample = 1)
clf. fit(x_data, y_data)
res = []
for i in range(x_data. shape[0]):
    res. append(clf. predict(x_data[i]))


class CART_REG:
    def __init__(self, epsilon = 0. 1, min_sample = 10):
        self. epsilon = epsilon
        self. min_sample = min_sample
        self. tree = None

    def err(self, y_data):
        #子数据集的输出变量 y 与均值的差的平方和
        return y_data. var() * y_data. shape[0]

    def leaf(self, y_data):
        #叶节点取值,为子数据集输出 y 的均值
        return y_data. mean()

    def split(self, fea, val, X_data):
        #根据某个特征,以及特征下的某个取值,将数据集进行切分
        set1_inds = np. where(X_data[:, fea] <= val)[0]
        set2_inds = list(set(range(X_data. shape[0]))-set(set1_inds))
        return set1_inds, set2_inds

    def getBestSplit(self, X_data, y_data):
        #求最优切分点
```

```
            best_err = self. err( y_data)
            best_split = None
            subsets_inds = None
            for fea in range( X_data. shape[ 1 ] ) :
                for val in X_data[ :, fea ] :
                    set1_inds, set2_inds = self. split( fea, val, X_data)
                    if len( set1_inds) < 2 or len( set2_inds) < 2 :
                        continue
                    now_err = self. err( y_data[ set1_inds ] ) + self. err( y_
data[ set2_inds ] )
                    if now_err < best_err :
                        best_err = now_err
                        best_split = ( fea, val)
                        subsets_inds = ( set1_inds, set2_inds)
            return best_err, best_split, subsets_inds


    def buildTree( self, X_data, y_data) :
        #递归构建二叉树
        if y_data. shape[ 0 ] < self. min_sample :
            return node( res = self. leaf( y_data) )
        best_err, best_split, subsets_inds = self. getBestSplit( X_data, y_
data)
        if subsets_inds is None :
            return node( res = self. leaf( y_data) )
        if best_err < self. epsilon :
            return node( res = self. leaf( y_data) )
        else :
            left = self. buildTree ( X_data[ subsets_inds[ 0 ] ], y_data
[ subsets_inds[ 0 ] ] )
            right = self. buildTree ( X_data[ subsets_inds[ 1 ] ], y_data
[ subsets_inds[ 1 ] ] )
            return node( fea = best_split[ 0 ], val = best_split[ 1 ], right =
right, left = left)
```

```
def fit(self, X_data, y_data):
    self.tree = self.buildTree(X_data, y_data)
    return

def predict(self, x):
    #对输入变量进行预测
    def helper(x, tree):
        if tree.res is not None:
            return tree.res
        else:
            if x[tree.fea] <= tree.val:
                branch = tree.left
            else:
                branch = tree.right
            return helper(x, branch)
    return helper(x, self.tree)
```

步骤 3：根据得到的预测值画图，其图形如图 5-3 所示。

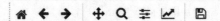

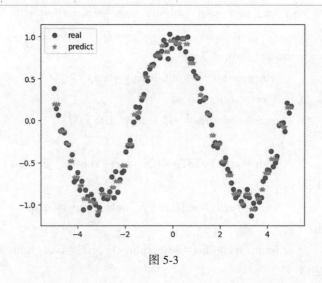

图 5-3

5.4 随机森林回归

在构建回归决策树的时候，让回归树完全生长可能会产生过拟合问题，需要通过剪枝操作进行去除，但剪枝操作太过繁琐，就有人提出将原本的问题分解成多个小问题，每个小问题用不同的方法单独进行预测，将最后的结果以加权平均的方式进行组合，这样就可以回避剪枝烦琐的问题，而且能有效地解决过拟合的问题。因为利用了多个基算法（Base），或者说是多个树组合起来共同决定整体，于是多树集合便成了"森林"一词的来源，还有"随机"一词就是该算法每个部分每个树采用不同的算法，实现"三个臭皮匠赛过诸葛亮"的效果。

5.4.1 算法设计

在随机森林回归算法里，"随机"是算法的灵魂，"森林"只是比较形象地表示了算法是由多棵树组合而成，而"回归"只是表示算法针对的是连续的数据。为了体现真正的"随机"，随机森林回归采用三重随机，分别对数据抽样、最优切分、同级特征三个方面进行随机。

一重随机：数据抽样随机。

从原始数据集采取放回抽样，构造同原始数据集相同数据量的 N 个子数据集，抽样完全随机，数据集内元素允许重复。利用这样随机产生的数据集构建回归树，显然能实现真正的"随机"效果。

二重随机：最优切分随机。

利用"随机"数据构建回归决策树时，有必要采用特征随机，即：不是将所有的特征都进行切分，而是随机选取其中的一部分，利用这部分特征构建回归决策树而忽略其他特征，选取特征的多少依靠具体问题具体设定，不能选取太多也不能选取太少。利用这种方式实现最优特征的切分随机，产生不同的切分结果。

三重随机：同级特征随机。

在进行特征切分过程中，通常会遇到相近的几个最好特征，通常人们主观的会选择最好的一个，但是在这里为了实现"随机"，将采取在最好的几个切分特征中，随机选取一个进行切分，实现同等级特征的随机。

通过三重随机构建出 N 个子回归决策树，产生的 N 个结果，通过加权平均得出最终的回归树。

5.4.2　流程及详细说明

随机森林回归算法流程如下：

步骤1：生成随机子数据集。

通过有放回抽样的方式，构造 N 个同原数据集相同数据量的子数据集及子测试集。

步骤2：构造子回归树。

设原数据集含 N 个变量，随机抽取 M 个变量（$M<N$）作为备选分支变量，根据这些备选变量做最优切分，构造回归决策树（方法同决策树回归）。

步骤3：生成随机森林模型。

通过对得到的 N 个回归决策树进行加权平均，选出占比最大的几种回归决策树构建随机森林模型。利用测试数据同样构造一个随机森林模型，比较两者的差异性。

当有新数据时，经过随机森林的每棵树得到决策值，将决策值进行加权平均，得出最终的值。

5.4.3　随机森林回归的核心源代码

随机森林回归的核心源代码与决策树回归的代码大体一致，下面仅做了利用随机森林进行预测的简单实现，代码如下：

```
from sklearn. ensemble import RandomForestRegressor
from sklearn. datasets import load_iris
iris = load_iris( )

print( iris[ 'target' ].shape )
rf = RandomForestRegressor( )
rf. fit( iris. data[ :150 ] ,iris. target[ :150 ] )

instance = iris. data[ [ 79,109 ] ]
print( instance )
rf. predict( instance[ [ 0 ] ] )
print( 'instance 0 prediction;' ,rf. predict( instance[ [ 0 ] ] ) )
```

```
print('instance 1 prediction;',rf. predict(instance[[1]]))
print(iris. target[79],iris. target[109])
```

运行结果如下：

```
[[5. 7 2. 6 3. 5 1. ]
 [7. 2 3. 6 6. 1 2. 5]]
instance 0 prediction;  [1.]
instance 1 prediction;  [2.]
1 2
```

5.5 梯度提升回归树

梯度提升回归树（GBRT：gradient boosting regression tree）特点是由多棵决策树组成，将每棵树的输出结果进行叠加就得到最后得到的结果。其核心思想是：每一棵树都是通过前一步所有树的残差得到的。梯度提升回归树采用加法模型和前向分布算法，将损失函数的负梯度在当前模型的值作为回归树算法的残差的近似值，来形成回归树。GBRT 是一种决策回归树，它的作用主要是用来预测实际数值，例如：预测明天的天气温度或股票走势。

5.5.1 算法设计

以二叉回归决策树为基函数的加法模型作为算法的决策树模型，残差近似值则用前向分步来得到负梯度值作为残差近似值。

先定义加法模型 $f_K(x) = \sum_{k=1}^{K} T(x; \Theta_k)$ 和一个损失函数 $L(y, f(x))$，其中 T 表示决策树；Θ_K 是决策树的参数，即叶子节点，K 表示决策树的数目。初始化 $f_0(x) = 0$，再进行迭代操作：$f_k(x) = f_{k-1}(x) + T(x; \Theta_k)$，$k = 1$，…，$K$。其中，为求得第 n 步的基函数集 $\hat{\Theta}_n$。需要根据模型 $f_{n-1}(x)$ 来求解公式 $\hat{\Theta}_n = \arg\min_{\Theta_n} \sum_{i=1}^{N} L(y_i, f_{n-1}(x_i) + T(x_i; \Theta_n))$，得到第 n 棵树的参数 $\hat{\Theta}_n$。

此时我们假设损失函数为平方误差函数，即 $L(y, f(x)) = (y-f(x))^2$，

101

带入误差公式中就有 $L(y, f_{n-1}(x) + T(x; \Theta_n)) = [y - f_{n-1}(x) - T(x; \Theta_n)]^2$，此时令 $r = y - f_{n-1}(x)$，就有 $L(y, f_{n-1}(x) + T(x; \Theta_n)) = [r - T(x; \Theta_n)]^2$，$r = y - f_{n-1}(x)$ 就是当前模型的残差。

对于回归提升树而言，通过利用上述的残存公式来求提升树是相当简单的做法，但这种方式只能对损失函数是平方和指数函数的提升树进行有效的优化，对于一般的损失函数，此时需要考虑另一种近似计算残差的方式，就是使用最速下降法来近似表示残差，重点是将提升树算法的残差用损失函数的负梯度 $-\left[\dfrac{\partial L(y, f(x_i))}{\partial f(x_i)}\right]_{f(x)=f_{m-1}(x)}$ 近似替代表示，最终拟合成一棵回归树。

5.5.2　流程和详细设计

假设训练集为 $T = (x_1, y_1), (x_2, y_2), \cdots, (x_k, y_k)$，损失函数 $L(y, f(x))$，求回归树 $\hat{f}(x)$ 的流程如下：

$$f_0(x) = \arg\min_c \sum_{i=1}^{N} L(y_i, c)$$

（1）先将模型进行初始化

估计一个使损失函数取得极小值的常数值 c，此时它是只有一个节点的树。

（2）再对决策树进行 M 次迭代，生成 M 棵决策树

For $m = 1$ to M：

①对每次生成的每颗决策树进行 K 次分类。

For $i = 1$ to K：计算残差

$$r_{mi} = -\left[\frac{\partial L(y_i, f(x_i))}{\partial f(x_i)}\right]_{f(x)=f_{m-1}(x)}$$

采用损失函数 L 在当前模型中的负梯度值 r 作为近似估计值。

②将 r_{mi} 拟合一棵回归树，得到第 m 棵树的叶节点区域 R_{mj}，$j = 1$, $2, \cdots, J$。

③利用线性搜索估计叶节点区域，最小化损失函数。

For $j = 1$ to J：计算：

$$c_{mj} = \arg\min_c \sum_{x_i \in R_{mj}} L(y_i, f_{m-1}(x_i) + c)$$

利用线性搜索估计叶节点区域的值，使损失函数极小化；

④更新回归树。

$$f_m(x) = f_{m-1}(x) + \sum_{j=1}^{J} c_{mj} I(x \in R_{mj})$$

(3)最后得到的 $f_M(x)$ 就是最终的回归树模型

$$\tilde{f}(x) = f_M(x) = \sum_{m=1}^{M} \sum_{j=1}^{J} c_{mj} I(x \in R_{mj})$$

5.5.3 梯度提升回归树的核心源代码

梯度提升回归树的核心源代码(Python 语言)如下：

步骤 1：随机生成满足余弦函数的数据。

```python
from collections import defaultdict
import matplotlib. pyplot as plt
import numpy as np


X_data_raw = np. linspace(-5, 5, 120)
X_data = np. transpose([X_data_raw])
y_data = np. cos(X_data_raw)
```

步骤 2：构建提升树类，求出预测值。

```python
BT = BoostingTree(epsilon = 0. 1)
BT. fit(X_data, y_data)
y_pred = [BT. predict(X) for X in X_data]


class BoostingTree：
    def __init__(self, epsilon = 1e-2)：
        self. epsilon = epsilon
        self. cand_splits = []
        self. split_index = defaultdict(tuple)
        self. split_list = []
        self. c1_list = []
        self. c2_list = []
        self. N = None
        self. n_split = None
```

```
def init_param( self, X_data) :
    #初始化参数
    self. N = X_data. shape[ 0]
    for i in range( 1, self. N) :
        self. cand_splits. append( ( ( X_data[ i] [ 0] + X_data[ i-1]
[ 0]) / 2)
    self. n_split = len( self. cand_splits)
    for split in self. cand_splits:
        left_index = np. where( X_data[ :, 0] <= split) [ 0]
        right_index = list( set( range( self. N) ) -set( left_index) )
        self. split_index[ split] = ( left_index, right_index)
    return

def _cal_err( self, split, y_res) :
    #计算每个切分点的误差
    inds = self. split_index[ split]
    left = y_res[ inds[ 0] ]
    right = y_res[ inds[ 1] ]

    c1 = np. sum( left) / len( left)
    c2 = np. sum( right) / len( right)
    y_res_left = left-c1
    y_res_right = right-c2
    res = np. hstack( [ y_res_left, y_res_right] )
    res_square = np. apply_along_axis( lambda x: x * * 2, 0, res).
sum( )
    return res_square, c1, c2

def best_split( self, y_res) :
    #获取最佳切分点,并返回对应的残差
    best_split = self. cand_splits[ 0]
```

```
        min_res_square, best_c1, best_c2 = self. _cal_err(best_split, y_res)

        for i in range(1, self. n_split):
            res_square, c1, c2 = self. _cal_err(self. cand_splits[i], y_res)
            if res_square < min_res_square:
                best_split = self. cand_splits[i]
                min_res_square = res_square
                best_c1 = c1
                best_c2 = c2

        self. split_list. append(best_split)
        self. c1_list. append(best_c1)
        self. c2_list. append(best_c2)
        return

    def _fx(self, X):
        #基于当前组合树,预测 X 的输出值
        s = 0
        for split, c1, c2 in zip(self. split_list, self. c1_list, self. c2_list):
            if X < split:
                s += c1
            else:
                s += c2
        return s

    def update_y(self, X_data, y_data):
        #每添加一颗回归树,就要更新 y,即基于当前组合回归树的预
测残差
        y_res = []
        for X, y in zip(X_data, y_data):
            y_res. append(y-self. _fx(X[0]))
        y_res = np. array(y_res)
```

```
        res_square = np. apply_along_axis(lambda x:x * *2,0,y_res).sum()
        return y_res, res_square


def fit(self, X_data, y_data):
    self. init_param(X_data)
    y_res = y_data
    while True:
        self. best_split(y_res)
        y_res, res_square = self. update_y(X_data, y_data)
        if res_square < self. epsilon:
            break
    return


def predict(self, X):
    return self. _fx(X)
```

步骤3：根据得到的预测值画图，其图形如图5-4所示。

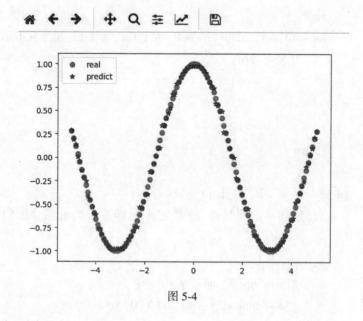

图 5-4

```
1 = plt. scatter( X_data_raw, y_data, color = 'r')
p2 = plt. scatter( X_data_raw, y_pred, color = 'b', marker = ' * ')
plt. legend( [ p1, p2] , [ 'real', 'predict'] , loc = 'upper left')
plt. show( )
```

本章参考文献：

[1] cart 中回归树的原理和实现[EB/OL]. http：//www. cnblogs. com/qwjsysu/p/5993939. html.

[2] Friedman J H. Greedy Function Approximation：A Gradient Boosting Machine [J]. Annals of Statistics, 2001, 29(5)：1189-1232.

[3] http：//blog. csdn. net/darknightt/article/details/70169699[EB/OL].

[4] http：//blog. csdn. net/haimengao/article/details/49615955[EB/OL].

[5] http：//blog. csdn. net/JD_Beatles/article/details/51136971[EB/OL].

[6] http：//blog. csdn. net/keepreder/article/details/47277517[EB/OL].

[7] http：//blog. csdn. net/nedushy123/article/details/23789221[EB/OL].

[8] http：//blog. csdn. net/notheory/article/details/51169515[EB/OL].

[9] http：//blog. csdn. net/pipisorry/article/details/60776803[EB/OL].

[10] http：//blog. csdn. net/puqutogether/article/details/44593647[EB/OL].

[11] http：//blog. csdn. net/WOJIAOSUSU/article/details/60470100[EB/OL].

[12] http：//blog. csdn. net/y0367/article/details/51501780[EB/OL].

[13] http：//blog. csdn. net/zrjdds/article/details/50133843[EB/OL].

[14] http：//blog. sina. com. cn/s/blog_6ce00d7b0100ulrp. html[EB/OL].

[15] http：//lib. csdn. net/article/machinelearning/2992[EB/OL].

[16] http：//scikit-learn. org/stable/modules/generated/sklearn. ensemble. GradientBoostingClassifier. html # sklearn. ensemble. GradientBoostingClassifier [EB/OL].

[17] https：//wenku. baidu. com/view/37e8d276f242336c1eb95ec0. html [EB/OL].

[18] https：//wenku. baidu. com/view/6163f39c7e21af45b207a81c. html? pn = 51[EB/OL].

[19] https：//www. cnblogs. com/muchen/p/6298634. html#_label1[EB/OL].

[20]https：//www. cnblogs. com/muchen/p/6883263. html[EB/OL].

[21]https：//www. cnblogs. com/nxld/p/6123239. html[EB/OL].

[22]https：//www. cnblogs. com/tonglin0325/p/6218478. html[EB/OL].

[23]https：//www. cnblogs. com/nxld/p/6170931. html[EB/OL].

[24][美]Pang-Ning Tan, Michael Steinbach, Vipin Kumar. 数据挖掘概论[M].人民邮电出版社，2006.

[25]决策树回归模型(决策树—回归)[EB/OL]. http：//blog. sina. com. cn/s/blog_92d2c5e10102wjva. html.

[26]梁樑. 数据、模型与决策[M].机械工业出版社，2010.

[27]数据挖掘算法[EB/OL]. http：//weixin. niurenqushi. com/article/2017-03-18/4793335. html.

[28]李航. 统计学习方法[M].清华大学出版社，2012.

[29]杨虎. 应用数理统计[M].清华大学出版社，2014.

[30]张涛. 随机森林回归方法及在代谢组学中的应用[C]. 2011年中国卫生统计学年会论文集，2011.

[31]张重生. 大数据分析：数据挖掘必备算法示例详解[M].机械工业出版社，2016.

[32]周志华. 机器学习[M].清华大学出版社，2016.

第 6 章 　分类算法

6.1 　逻辑回归二分类和多分类

6.1.1 　算法的原理

逻辑回归实质上是一种广义线性回归分析模型。线性回归通常是利用数理统计中的回归分析，来确定两种或两种以上变量间相互依赖的定量关系的一种统计分析方法，而逻辑回归是这样的一个过程：针对一个回归或者分类问题，建立代价函数，通过优化方法迭代求解出最优的模型参数，然后测试验证此求解的模型的优劣。其目的就是求解出关于问题的最优模型。

Logistic 回归虽然名字里带"回归"，但是它实际上是一种分类方法，主要用于两分类问题(即输出结果只有两种，分别代表两个不同的类别)。在回归模型中，通常用 y 来表示一个定性变量，比如 $y = 0$ 或 1，Logistic 方法主要应用于研究某些事件发生的概率。逻辑回归的基本思想是①寻找 h 函数(即 hypothesis 函数)：即确定预测函数，用于分类；②构造 J 函数(即损失函数)：用以找到最优解的目的函数；③想办法使得 J 函数值最小并求得回归参数(θ)：将使得 J 最小的回归参数 θ 代入到假设函数中，即确定了预测函数，进而用以帮助进行二分类。

6.1.2　算法的流程

（1）构造预测函数 h

Logistic 回归主要用于两分类问题（即输出结果只有两种，分别代表两个类别），要求其输入值的取值范围是全体实数，而其输出值是介于 0 与 1 之间的概率值。Logistic 函数（或称为 Sigmoid 函数）就是这样一个函数，其定义域为全体实数，而值域为 $[0，1]$，其函数形式为：

$$g(z) = \frac{1}{1 + e^{-z}}$$

Sigmoid 函数在坐标坐标系中的形状如图 6-1 所示：

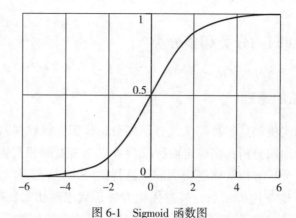

图 6-1　Sigmoid 函数图

对于线性边界情况如下：

$$\theta_0 + \theta_1 x_1 + \cdots + \theta_n x_n = \sum_{i=1}^{n} \theta_i x_i = \theta^T x$$

构造预测函数为：

$$h_\theta(x) = g(\theta^T x) = \frac{1}{1 + e^{-\theta^T x}}$$

函数 $h_\theta(x)$ 的值有特殊的含义，它表示结果取 1 的概率，因此对于输入 x 分类结果为类别 1 和类别 0 的概率分别为：

$$P(y = 1 \mid x; \theta) = h_\theta(x)$$

$$P(y = 0 \mid x; \theta) = 1 - h_\theta(x)$$

上式结合起来可以写成：

$$P(y \mid x; \theta) = (h_\theta(x))^y (1 - h_\theta(x))^{1-y}$$

（2）构造损失函数 J

损失函数用于求解 θ 的最优解，Cost 函数和 J 函数是基于最大似然估计推导得到的，它们的函数解析式如下：

$$Cost(h_\theta(x), y) = \begin{cases} -\log(h_\theta(x)) & if\ y = 1 \\ -\log(1 - h_\theta(x)) & if\ y = 0 \end{cases}$$

$$J(\theta) = \frac{1}{m} \sum_{i=1}^n Cost(h_\theta(x_i), y_i)$$

$$= -\frac{1}{m} \left[\sum_{i=1}^n y_i \log h_\theta(x_i) + (1 - y_i)\log(1 - h_\theta(x_i)) \right]$$

损失函数 $J(\theta)$ 的具体推导过程如下：

已知概率函数为：

$$P(y \mid x; \theta) = (h_\theta(x))^y (1 - h_\theta(x))^{1-y}$$

取似然函数为：

$$L(\theta) = \prod_{i=1}^m P(y_i \mid x_i; \theta) = \prod_{i=1}^m (h_\theta(x_i))^{y_i} (1 - h_\theta(x_i))^{1-y_i}$$

对数似然函数为：

$$I(\theta) = \log L(\theta) = \sum_{i=1}^m (y_i \log h_\theta(x_i) + (1 - y_i)\log(1 - h_\theta(x_i)))$$

最大似然估计就是求使 $I(\theta)$ 取最大值时的 θ。这里，可以使用梯度上升法求解，求得的 θ 就是要求的最佳参数。将 $J(\theta)$ 取为下式：

$$J(\theta) = -\frac{1}{m} I(\theta)$$

因为乘了一个负的系数 $-\frac{1}{m}$，所以 $J(\theta)$ 取最小值时的 θ，即为要求的最佳参数。

（3）利用梯度下降法求最小值，并求得回归函数

求最小值的方法有梯度下降法或牛顿法等优化方法，此处采用了梯度下降法来求最小值。

θ 更新过程：

$$\theta_j: = \theta_j - \alpha \frac{\delta}{\delta_{\theta_j}} J(\theta)$$

θ 更新过程可以写成：

$$\theta_j: \ = \theta_j - \alpha \frac{1}{m} \sum_{i=1}^{m} (h_\theta(x_i) - y_i)x_i^j$$

$$\frac{\delta}{\delta\theta_j}J(\theta) = -\frac{1}{m}\sum_{i=1}^{m}\left[y_i\frac{1}{h_\theta(x_i)}\frac{\delta}{\delta\theta_j}h_\theta(x_i) - (1-y_i)\frac{1}{1-h_\theta(x_i)}\frac{\delta}{\delta\theta_j}h_\theta(x_i)\right]$$

$$= -\frac{1}{m}\sum_{i=1}^{m}\left[y_i\frac{1}{g(\theta^Tx_i)} - (1-y_i)\frac{1}{1-g(\theta^Tx_i)}\right]\frac{\delta}{\delta\theta_j}g(\theta^Tx_i)$$

$$= -\frac{1}{m}\sum_{i=1}^{m}\left[y_i\frac{1}{g(\theta^Tx_i)} - (1-y_i)\frac{1}{1-g(\theta^Tx_i)}\right]g(\theta^Tx_i)(1-g(\theta^Tx_i))\frac{\delta}{\delta\theta_j}\theta^Tx_i$$

$$= -\frac{1}{m}\sum_{i=1}^{m}(y_i(1-g(\theta^Tx_i)) - (1-y_i)g(\theta^Tx_i))x_i^j$$

$$= -\frac{1}{m}\sum_{i=1}^{m}(y_i - g(\theta^Tx_i))x_i^j$$

$$= \frac{1}{m}\sum_{i=1}^{m}(h_\theta(x_i) - y_i)x_i^j$$

向量化可简化计算，向量化后 θ 更新的步骤如下：
①求 $A = x \cdot \theta$；
②求 $E = g(A) - y$；
③求 $\theta: \ = \theta - \alpha x^T E$

正则化可解决欠拟合和过拟合的问题，正则化后的梯度下降算法 θ 的更新变为：

$$\theta_j: \ = \theta_j - \frac{\alpha}{m}\sum_{i=1}^{m}(h_\theta(x_i) - y_i)x_i^j - \frac{\lambda}{m}\theta_j$$

6.1.3　逻辑回归二分类的核心源代码

逻辑回归二分类的核心源代码(Python 语言)如下：
步骤1：导入数据集求出特征矩阵和标签矩阵。
```
import numpy as np
import matplotlib. pyplot as plt

feature, label = load_data( "data. txt" )

def load_data( file_name ) :
```

112

```
            f = open(file_name)
            feature_data = [ ]
    label_data = [ ]
    for line in f. readlines( ) :
            feature_tmp = [ ]
            lable_tmp = [ ]
            lines = line. strip( ). split( " \t" )
            feature_tmp. append( 1 )
            for i in range( len( lines ) - 1 ) :
                    feature_tmp. append( float( lines[ i ] ) )
            lable_tmp. append( float( lines[ -1 ] ) )
            feature_data. append( feature_tmp )
            label_data. append( lable_tmp )
    f. close( )
    return np. mat( feature_data ) , np. mat( label_data )
```

步骤 2：利用梯度下降法训练逻辑回归模型。

```
w = lr_train_bgd( feature, label, 500, 0. 001 )


def lr_train_bgd( feature, label, maxCycle, alpha) :
    n = np. shape( feature )[ 1 ]
    w = np. mat( np. ones( ( n, 1 ) ) )
    i = 0
    while i < = maxCycle:
        i + = 1
        h = sigmoid( feature * w)
        err = label - h
        if i % 100 = = 0 :
                print( " \t---------iter = " + str( i ) + " , error rate = " + str( error_
rate( h, label) ) )
        w = w + alpha * feature. T * err
    return w
```

113

```
def sigmoid(x):
    '''Sigmoid 函数
    input:   x(mat):feature * w
    output: sigmoid(x)(mat):Sigmoid 值
    '''
    return 1.0/(1+np.exp(-x))


def error_rate(h, label):
    m=np.shape(h)[0]


    sum_err=0.0
    for i in range(m):
        if h[i, 0]>0 and (1-h[i, 0])>0:
            sum_err -=(label[i,0]  *  np.log(h[i,0])+\
                    (1-label[i,0])  *  np.log(1-h[i,0]))
        else:
            sum_err -=0
    return sum_err / m
```

步骤3：保存得到的模型。

```
save_model("weights", w)


def save_model(file_name, w):
    m=np.shape(w)[0]
    f_w=open(file_name, "w")
    w_array=[]
    for i in range(m):
        w_array.append(str(w[i, 0]))
    f_w.write("\t".join(w_array))
    f_w.close()
```

步骤4：根据模型得到预测值并绘图，其图形如图6-2所示。

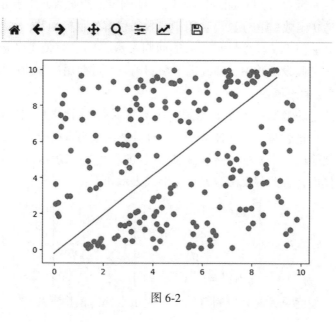

图 6-2

其中点为训练数据的散点图，线是得到的逻辑回归二分类模型。

6.2 Softmax 回归多分类

6.2.1 算法的原理

Softmax 回归模型是 Logistic 回归模型在多分类问题上的推广。其主要是修改 Logistic 回归的损失函数，让其适应多分类问题。这个损失函数不再笼统地只考虑二分类非 1 即 0 的损失，而是具体考虑每个样本标记的损失。Softmax 分类器是以多项式分布（Multinomial Distribution）为模型建模的，在多分类问题中，类标签 y 可以取两个以上的值。它可以分类多种互斥的类别。

6.2.2 算法的流程

Softmax 回归算法分类的步骤同逻辑回归二分类一致，但是其所要处理的分类问题由二维上升到了更高维，因此其变量形式为多维向量，Softmax 回归是 Logistic 回归的一般形式。其进行分类的一般步骤是：

①寻找 h 函数（即 hypothesis 函数）：即确定预测函数，用于分类；

②构造 J 函数（损失函数）：用于寻找最优解的目标函数；

③想办法使得 J 函数最小并求得回归参数（θ）：将使得 J 最小的回归参数 θ 代入到假设函数中，即确定了预测函数，进而用以帮助进行分类。

（1）确定假设函数

对于给定的测试输入 x，此假设函数针对每一个类别 j 估算出概率值 $p(y=j\,|\,x)$。也就是说，估计 x 的每一种分类结果出现的概率。因此，此假设函数将要输出一个 k 维的向量（向量元素的和为 1）来表示这 k 个估计的概率值。具体而言，此假设函数 $h_\theta(x)$ 形式表示如下：

$$h_\theta(x^{(i)}) = \begin{bmatrix} p(y^{(i)}=1\,|\,x^{(i)};\ \theta) \\ p(y^{(i)}=2\,|\,x^{(i)};\ \theta) \\ \vdots \\ p(y^{(i)}=k\,|\,x^{(i)};\ \theta) \end{bmatrix} = \frac{1}{\sum_{j=1}^{k} e^{\theta_j^T x^{(i)}}} \begin{bmatrix} e^{\theta_1^T x^{(i)}} \\ e^{\theta_2^T x^{(i)}} \\ \vdots \\ e^{\theta_k^T x^{(i)}} \end{bmatrix}$$

为了方便起见，此处使用符号 θ 来表示全部的模型参数。

$$\theta = \begin{bmatrix} \theta_1^T \\ \theta_2^T \\ \vdots \\ \theta_k^T \end{bmatrix}$$

（2）构造 J 函数

$$J(\theta) = -\frac{1}{m}\left[\sum_{i=1}^{m} \sum_{j=1}^{k} 1\{y^{(i)}=j\} \log \frac{e^{\theta_j^T X^{(i)}}}{\sum_{l=1}^{k} e^{\theta_l^T x^{(i)}}} \right]$$

对于 $J(\theta)$ 的最小化问题，目前还没有闭式解法。因此，需要使用迭代的优化算法（例如梯度下降法，或 L-BFGS）。经过求导，得到梯度公式如下：

$$\nabla_{\theta_j} J(\theta) = -\frac{1}{m} \sum_{i=1}^{m} \left[x^{(i)}(1\{y^{(i)}=j\} - p(y^{(i)}=j\,|\,x^{(i)};\ \theta) \right]$$

通过添加一个权重衰减项 $\frac{\lambda}{2} \sum_{i=1}^{k} \sum_{j=0}^{n} \theta_{ij}^2$，来修改代价函数，这个衰减项会惩罚过大的参数值，由此代价函数变为：

$$J(\theta) = -\frac{1}{m}\left[\sum_{i=1}^{m} \sum_{j=1}^{k} 1\{y^{(i)}=j\} \log \frac{e^{\theta_j^T X^{(i)}}}{\sum_{l=1}^{k} e^{\theta_l^T x^{(i)}}} \right] + \frac{\lambda}{2} \sum_{i=1}^{k} \sum_{j=0}^{n} \theta_{ij}^2$$

有了这个权重衰减项以后（ $\lambda > 0$ ），代价函数就变成了严格的凸函数，这样就可以保证得到唯一的解了。此时的 Hessian 矩阵变为可逆矩阵，并且因为 $J(\theta)$ 是凸函数，梯度下降法和 L-BFGS 等算法可以保证收敛到全局最优解。

为了使用优化算法，需要求得这个新函数 $J(\theta)$ 的导数，如下：

$$\nabla\theta_j J(\theta) = -\frac{1}{m}\sum_{i=1}^{m}\left[x^{(i)}\left(1\{y^{(i)}=j\} - p(y^{(i)}=j\,|\,x^{(i)}\,;\,\theta)\right)\right] + \lambda\theta_j$$

通过最小化 $J(\theta)$ ，就能实现一个可用的 Softmax 回归模型。

6.2.3　Softmax 回归多分类的核心源代码

Softmax 回归多分类的核心源代码（Python 语言）如下：

步骤 1：导入数据集求出特征矩阵和标签矩阵，以及类别的个数。

```
import numpy as np
import matplotlib.pyplot as plt


feature, label, k = load_data("data.txt")


def load_data(inputfile):
    f = open(inputfile)
    feature_data = []
    label_data = []
    for line in f.readlines():
        feature_tmp = []
        feature_tmp.append(1)
        lines = line.strip().split("\t")
        for i in range(len(lines)-1):
            feature_tmp.append(float(lines[i]))
        label_data.append(int(lines[-1]))
        feature_data.append(feature_tmp)
    f.close()    #关闭文件
    return np.mat(feature_data), np.mat(label_data).T, len(set(label_data))
```

步骤 2：利用梯度下降法训练 Softmax 回归模型。

117

```python
weights = gradientAscent(feature, label, k, 10000, 0.4)

def gradientAscent(feature_data, label_data, k, maxCycle, alpha):
    '''利用梯度下降法训练 Softmax 模型'''
    m, n = np.shape(feature_data)
    weights = np.mat(np.ones((n, k)))
    i = 0
    while i <= maxCycle:
        err = np.exp(feature_data * weights)
        if i % 500 == 0:
            print("\t-----iter: ", i, ", cost: ", cost(err, label_data))
        rowsum = -err.sum(axis=1)
        rowsum = rowsum.repeat(k, axis=1)
        err = err / rowsum
        for x in range(m):
            err[x, label_data[x, 0]] += 1
        weights = weights + (alpha / m) * feature_data.T * err
        i += 1
    return weights

def cost(err, label_data):
    m = np.shape(err)[0]
    sum_cost = 0.0
    for i in range(m):
        if err[i, label_data[i, 0]] / np.sum(err[i, :]) > 0:
            sum_cost -= np.log(err[i, label_data[i, 0]] / np.sum(err
[i, :]))
        else:
            sum_cost -= 0
    return sum_cost / m
```

步骤 3：保存得到的模型。

```python
save_model("weights", weights)
```

```
def save_model(file_name, weights):
    f_w = open(file_name, "w")
    m, n = np.shape(weights)
    for i in range(m):
        w_tmp = []
        for j in range(n):
            w_tmp.append(str(weights[i, j]))
        f_w.write("\t".join(w_tmp) + "\n")
    f_w.close()
```

步骤 4：根据模型导入测试值得到预测值并绘图，其图形如图 6-3 所示。

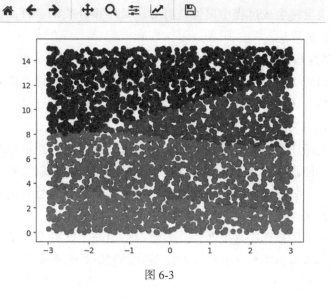

图 6-3

6.3　决策树分类

6.3.1　算法的原理

决策树是一个树结构(可以是二叉树或非二叉树)，可以为人们提供决策依据。它可以是某种判别依据，通常使用每个非叶节点作为一个分类节点，每个分支代表不同的选择，而每个叶节点存放一个类别。使用决策树进行决策的过程就是从根节点开始，根据实际需求，选择相应的算法（ID3，C4.5，CART 等）来测试样本中相应的特征属性，按照相应算法规则对属性进行排序，排序最靠前的属性作为根节点，依据分类节点选择输出分支，直到到达叶子节点，即通过决策树分类完成了样本的分类，将叶子节点存放的类别作为决策结果。

6.3.2 算法的流程

对于决策树的构造，首先要明确两个问题，一是决策树分类节点的选择，即选择哪一个属性进行划分；二是明确什么时候停止分裂，通常可以通过设定最小分裂实例数，划分阈值，最大树深度等来终止决策树的生长。下面介绍决策树生成过程中属性选择方法及停止分裂的条件，并简要介绍决策树剪枝的思想。

（1）属性选择

决策树的构造过程通常不需要依赖领域知识，其关键性内容是进行属性选择度量，属性选择度量是一种选择分裂准则。属性选择度量的算法有很多，其作用是度量训练集合数据被划分为个体类时的合理程度，它决定了训练集的拓扑结构及分裂点的选择。一般而言，要选择最佳的属性作为分裂属性，即让每个分支的记录的类别尽可能纯，通过属性选择度量算法，将属性按照相关算法的标准进行排序，从而选出最佳属性作为根节点，依次往下进行属性选择，达到分类效果。

属性选择度量算法有很多，一般使用自顶向下递归分治法，并采用不回溯的贪心策略。ID3、C4.5、CART 等算法就是常见的属性选择度量算法。

①ID3 算法。

由信息论可知，期望信息越小，信息增益越大，从而纯度越高。因此，ID3 算法的核心思想就是以信息增益度量属性选择，选择分裂后信息增益最大的属性进行分裂。下面先定义几个有关的概念。

设 D 为用类别对训练元组进行的划分，则 D 的熵表示为：

$$info(D) = -\sum_{i=1}^{m} p_i \log_2(p_i)$$

其中，p_i 表示第 i 个类别在整个训练元组中出现的概率，可以用属于此类别元素的数量除以训练元组元素总数量作为估计。熵的实际意义表示是 D

中元组的类标号所需要的平均信息量。

假设将训练元组 D 按属性 A 进行划分，则 A 对 D 划分的期望信息为：

$$\text{info}_A(D) = \sum_{i=1}^{m} \frac{|D_j|}{|D|}\text{info}(D_j)$$

而信息增益即为两者的差值：

$$gain(A) = \text{info}(D) - \text{info}_A(D)$$

ID3 算法就是在每次需要分裂时，计算每个属性的增益率，然后选择增益率最大的属性进行分裂。

②C4.5 算法。

ID3 算法存在一个问题，即其偏向于多值属性。例如：如果存在唯一标识属性 ID，则 ID3 算法会选择它作为分裂属性，这样虽然使得划分充分纯净，但这种划分对分类几乎毫无用处。C4.5 利用增益率的信息增益扩充来克服 ID3 算法的这个问题。

C4.5 算法首先定义了"分裂信息"，其定义可以表示成：

$$split\_info_A(D) = -\sum_{j=1}^{v} \frac{|D_j|}{|D|}\log_2(\frac{|D_j|}{|D|})$$

其中各符号意义与 ID3 算法相同，然后，增益率被定义为：

$$gain\_ratio(A) = \frac{gain(A)}{split\_info(A)}$$

C4.5 选择具有最大增益率的属性作为分裂属性，其具体应用与 ID3 类似，不再赘述。

③CART 算法。

CART 叫作分类回归树，它是一种二叉树结构，当数据集的因变量为离散型数值时，该树算法就是一个分类树；当数据集的因变量为连续性数值时，该树算法就是一个回归树，可以用叶节点观察的均值作为预测值。

CART 分类树

CART 分类树，通过定义的基尼(Gini)系数来选择分裂属性，选择具有最小基尼系数的属性及其属性值，作为最优分裂属性以及最优分裂属性值。基尼系数值越小，说明二分之后的子样本的"纯净度"越高，即说明选择该属性(值)作为分裂属性(值)的效果越好。

对于样本集 D，基尼系数计算定义如下：

$$Gini(D) = 1 - \sum p_k^2$$

其中，p_k 表示分类结果中第 k 个类别出现的概率。

对于含有 N 个样本的样本集 D，根据属性 A 的第 i 个属性值，将数据集 D 划分成 D_1，D_2 两部分。划分成两部分之后，$Gain\_Gini(D)$ 计算如下：

$$Gain\_Gini_{A,i}(D) = \frac{n_1}{N}Gini(D_1) + \frac{n_2}{N}Gini(D_2)$$

其中，n_1，n_2 分别为样本子集 D_1，D_2 的个数。

对于属性 A，分别计算任意属性值将数据集划分成两部分之后的 $Gain\_Gini$，选取其中的最小值，作为属性 A 得到的最优二分方案：

$$\min_{i \in A}(Gain\_Gini_{A,i}(D))$$

对于样本集 D，计算所有属性的最优二分方案，选取其中的最小值，作为样本集 D 的最优二分方案，此时所得到的属性 A 及其 i 属性值，作为最优分裂属性和最优分类属性值：

$$\min_{A \in Attribute}(\min_{i \in A}(Gain\_Gini_{A,i}(D)))$$

CART 回归树

不同于 CART 分类树，CART 回归树选取方差为评价分裂属性的指标。选择具有最小方差的属性及其属性值，作为最优分裂属性以及最优分裂属性值，方差值越小，说明二分之后的子样本的"差异性"越小，说明选择该属性(值)作为分裂属性(值)的效果越好。针对含有连续型预测结果的样本集 D，总方差计算如下：

针对因变量为连续型变量的样本集 D，总方差计算如下：

$$\sigma(D) = \frac{1}{k}\sum(y_k - u)^2,$$

其中 μ 表示样本集中预测结果的均值，y_k 表示第 k 个样本预测结果。

对于含有 N 个样本的样本集 D，根据属性 A 的第 i 个属性值，将数据集 D 划分成两部分，则划分成两部分之后，$Gain\_\sigma$ 计算如下：

$$Gain\_\sigma_{A,\ i}(D) = \sigma(D_1) + \sigma(D_2)$$

对于属性 A，分别计算任意属性值将数据集划分成两部分之后的 $Gain\_\sigma$，选取其中的最小值，作为属性 A 得到的最优二分方案：

$$\min_{i \in A}(Gain\_\sigma_{A,\ i}(D))$$

对于样本集 D，计算所有属性的最优二分方案，选取其中的最小值，作为样本集 D 的最优二分方案，所得到的属性 A 及其第 i 属性值，即为样本集 D 的最优分裂属性以及最优分裂属性值：

$$\min_{A \in Attribute}\left(\min_{i \in A}\left(Gain\_\sigma_{A,\,i}(D)\right)\right)$$

下面以 ID3 算法为例，演示决策树的构造过程。

现在统计了 10 天的气象数据(指标包括 outlook，temperature，humidity，windy)，并已知这些天气是否旅行(travel)。如果给出新一天的气象指标数据：sunny，cool，high，true，判断一下会不会去旅行？

outlook	temperature	humidity	windy	travel
sunny	hot	high	false	no
sunny	hot	high	true	no
overcast	hot	high	false	yes
rainy	mild	high	false	yes
rainy	cool	normal	false	yes
rainy	cool	normal	true	no
overcast	cool	normal	true	yes
sunny	mild	high	false	no
sunny	cool	normal	false	yes
rainy	mild	normal	false	yes

如果按照特征分类，将有 4 个属性，分别为 outlook、temperature、humidity 和 windy，下面要根据 ID3 算法选择属性作为树的根节点，首先计算各属性的信息增益。

依照决策属性 travel 可将数据划分为 yes 和 no 两个元组，则：

$$info(D) = -0.6\log_2 0.6 - 0.4\log_2 0.4 = 0.6 * 0.74 + 0.4 * 1.32 = 0.972$$

将训练元组 D 按属性 outlook 划分得到如下元组，求得 outlook 属性对 D 划分的期望信息。

outlook	travel
sunny	no
sunny	no
overcast	yes

续表

rainy	yes
rainy	yes
rainy	no
overcast	yes
sunny	no
sunny	yes
rainy	yes

$$\mathrm{info}(D_{sunny}) = -\frac{1}{4}\log_2\frac{1}{4} - \frac{3}{4}\log_2\frac{3}{4} = 0.25 * 2 + 0.75 * 0.41 = 0.8075$$

同理求得：

$$\mathrm{info}(D_{rainy}) = 0.8075, \ \mathrm{info}(D_{overcast}) = 0$$

所以：

$$\mathrm{info}_{outlook}(D) = \frac{4}{10}\mathrm{info}(D_{sunny}) + \frac{4}{10}\mathrm{info}(D_{rainy}) + \frac{2}{10}\mathrm{info}(D_{overcast}) = 0.646$$

所以：

$$gain(outlook) = \mathrm{info}(D) - \mathrm{info}_{outlook}(D) = 0.972 - 0.646 = 0.326$$

用同样方法得到其他属性的信息增益：

$$gain(temperature) = 0.095$$

$$gain(humidity) = 0.1255$$

$$gain(windy) = 0.087$$

因为 outlook 具有最大的信息增益，所以第一次分裂选择 outlook 为分裂属性，分裂后的结果如图 6-4 所示：

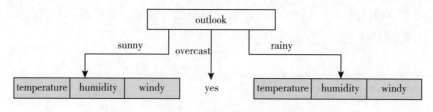

图 6-4　分裂后的结果

在上图基础上，再递归调用此方法计算子节点分裂属性，得到整个决策树。对于连续型数据，ID3 没有处理能力，只有通过离散化将连续性数据转化成离散型数据再进行处理。

（2）构造树时停止分裂的条件

①最小节点数。

如果数据量小于某一阈值时，再做分裂就容易强化噪声数据的作用，并且降低树生长的复杂性，因此，当节点的数据量小于一个指定的阈值时，不再继续分裂。这样提前结束分裂在一定程度上也有利于降低过拟合的影响。

②熵或者基尼值小于阈值。

熵和基尼值的大小表示数据的复杂程度，熵或者基尼值越小，表示数据的纯度越大。因此，可以根据需要设定相应阈值，当熵或者基尼值小于此阈值时，说明数据的纯度已经满足需要，节点停止分裂。

③决策树的深度已达到指定的深度。

决策树的深度是所有叶子节点的最大深度，当深度到达指定深度的上限时，停止分裂。

④所有特征已经使用完毕，不能继续进行分裂。

这是被动式停止分裂的条件。如果已经没有可分裂的属性时，那么就直接将当前节点设置为叶子节点。

（3）剪枝

由于决策树依赖训练样本生成，能够对训练样本产生完美的拟合效果。但对于测试样本来说，这样的决策树由于过于庞大且复杂可能会产生较高的分类错误率，这种现象就称为过拟合。因此需要将复杂的决策树进行简化，即去掉一些节点解决过拟合问题，这个过程称为剪枝。

剪枝方法可以分为预剪枝和后剪枝等两类。预剪枝是在构建决策树的过程中，提前终止决策树的生长，从而避免产生过多的节点。由于在构建决策树的过程中很难准确地判断何时终止树的生长，因此预剪枝方法虽然简单但实用性不强。后剪枝是在决策树构建完成之后，用叶子节点替代那些置信度不达标的节点子树，该叶子节点的类标号用该节点子树中频率最高的类标记。后剪枝方法又分为两种，一类是把训练数据集分成树的生长集和剪枝集；另一类则是使用同一数据集进行决策树生长和剪枝。常见的后剪枝方法有 CCP（代价复杂度剪枝）、REP（错误率降低剪枝）、PEP（悲观剪枝）、MEP（最小错误剪枝）等。

6.3.3　决策树分类的核心源代码

决策树分类的核心源代码(Python 语言)如下：

步骤1：导入数据。

```
from math import log

import operator

import matplotlib. pyplot as plt


fr = open('test. txt')

lenses = [inst. strip(). split('\t') for inst in fr. readlines()]
```

步骤2：递归构建分类树。

```
desicionTree = createTree(dataSet, labels_tmp)


def createTree(dataSet, labels):
    classList = [example[-1] for example in dataSet]
    if classList. count(classList[0]) = = len(classList):
        return classList[0]
    if len(dataSet[0]) = = 1:
        return majorityCnt(classList)
    bestFeat = chooseBestFeatureToSplit(dataSet)
    bestFeatLabel = labels[bestFeat]
    myTree = {bestFeatLabel: {}}
    del(labels[bestFeat])
    featValues = [example[bestFeat] for example in dataSet]
    uniqueVals = set(featValues)
    for value in uniqueVals:
        subLabels = labels[:]
        myTree[bestFeatLabel][value] = createTree(splitDataSet(dataSet,
bestFeat, value), subLabels)
    return myTree


    def majorityCnt(classList):
```

```
        classCount = { }
        for vote in classList:
            if vote not in classCount. keys( ) :
                classCount[ vote ] = 0
            classCount[ vote ] += 1
        sortedClassCount = sorted( classCount. items( ) , key = operator. itemgetter
( 1) , reversed = True)
        return sortedClassCount[ 0 ][ 0 ]


    def chooseBestFeatureToSplit( dataSet) :
        numFeatures = len( dataSet[ 0 ] ) -1
        baseEntropy = calcShannonEnt( dataSet)
        bestInfoGain = 0. 0
        bestFeature = -1
        for i in range( numFeatures) :
            featList = [ example[ i ] for example in dataSet]
            uniqueVals = set( featList)
            newEntropy = 0. 0
            for value in uniqueVals:
                subDataSet = splitDataSet( dataSet, i, value)
                prob = len( subDataSet)/float( len( dataSet) )
                newEntropy += prob * calcShannonEnt( subDataSet)
            infoGain = baseEntropy-newEntropy
            if ( infoGain > bestInfoGain) :
                bestInfoGain = infoGain
                bestFeature = i
        return bestFeature


    def calcShannonEnt( dataSet) :
        numEntries = len( dataSet)
        labelCounts = { }
        for featVec in dataSet:
            currentLabel = featVec[ -1 ]
```

```
        if currentLabel not in labelCounts. keys( ):
            labelCounts[ currentLabel ] = 0
        labelCounts[ currentLabel ] += 1
    shannonEnt = 0. 0
    for key in labelCounts:
        prob = float( labelCounts[ key ] )/numEntries
        shannonEnt -= prob * log( prob, 2)
    return shannonEnt


def splitDataSet( dataSet, axis, value):
    retDataSet = [ ]
    for featVec in dataSet:
        if featVec[ axis ] == value:
            reduceFeatVec = featVec[ :axis ]
            reduceFeatVec. extend( featVec[ axis+1: ] )
            retDataSet. append( reduceFeatVec )
    return retDataSet
```

步骤3：根据得到的结果画图，其图如图 6-5 所示。

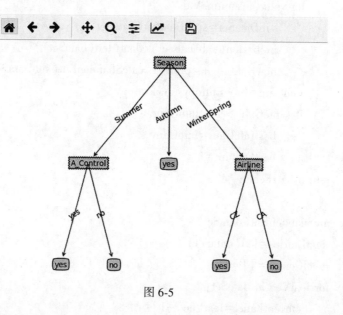

图 6-5

6.4　随机森林分类

6.4.1　算法的原理

随机森林是指利用多棵树对样本进行训练并预测的一种分类器。首先，它采用随机的方式建立一个由多棵决策树组成的森林，此随机森林中的每棵决策树之间都是无关联的。当随机森林生成之后，如果有新的输入样本需要进入随机森林，则让森林中的每棵决策树分别进行判断（投票）此样本应该属于哪一类（对于分类算法），然后依据得票多少，预测此样本为得票多的那一类。

6.4.2　算法的流程

（1）样本集的选择

首先，采取有放回抽样，从原始的数据集中构造子数据集，从数据量而言，子数据集和原始数据集是相同的。不论是不同子数据集还是同一子数据集，它们的元素都是可以重复的。

例如：通过 Bootstraping（有放回抽样）的方式，每轮从原始样本集中抽取 N 个样本，得到一个大小为 N 的训练集。假设进行 k 轮的抽取，那么每轮抽取的训练集分别为 T_1，T_2，$\cdots$，T_k。在原始样本集的抽取过程中，可能有被重复抽取的样本，也可能有一次都没有被抽到的样本。随机抽样的目的是得到不同的训练集，从而训练出不同的决策树。

（2）决策树的生成

假如特征空间共有 D 个特征，则在每轮生成决策树的过程中，从 D 个特征中随机选择其中的 d 个特征（$d<D$）组成一个新的特征集，通过使用新的特征集来生成一棵新决策树。经过 k 轮，共生成了 k 棵决策树。由于在生成这 k 棵决策树的过程中，无论是训练集的选择还是特征的选择，它们都是随机的。因此这 k 棵决策树之间是相互独立的。样本抽取和特征选择过程中的随机性，使得随机森林不容易过拟合，且具有较强的抗噪能力，提升系统的多样性，从而提升分类性能。

（3）模型的组合

由于生成的 k 棵决策树之间是相互独立的，每棵决策树的重要性相等，将它们组合时，无须考虑它们的权值。对于分类问题，最终的分类结果由所有的决策树投票来确定，得票数最多的那棵决策树作为预测结果；而对于回归问题，使用所有决策时输出的均值来作为最终的输出结果。

(4)模型的验证

模型的验证需要验证集。而在此无需专门额外地获取验证集，只需要从原始样本集中选择没有被使用过的样本即可。

从原始样本中选择训练集时，存在部分样本一次都没有被选中过，在进行特征选择时，也可能存在部分特征未被使用的情况，只需将这些未被使用的数据拿来验证最终的模型即可。

6.4.3 随机森林分类的核心源代码

随机森林分类的核心源代码(Python 语言)与决策树分类大体一致，下面仅做了利用随机森林进行分类的简单实现，代码如下：

```python
import pandas as pd
from sklearn.model_selection import train_test_split
from sklearn.feature_extraction import DictVectorizer
from sklearn.metrics import classification_report
from sklearn.ensemble import RandomForestClassifier


titanic = pd.read_csv('http://biostat.mc.vanderbilt.edu/wiki/pub/Main/DataSets/titanic.txt')
#选取一些特征作为我们划分的依据
x=titanic[['pclass', 'age', 'sex']]
y=titanic['survived']
#填充缺失值
x['age'].fillna(x['age'].mean(), inplace=True)
x_train, x_test, y_train, y_test=train_test_split(x, y, test_size=0.25)
dt=DictVectorizer(sparse=False)
print(x_train.to_dict(orient="record"))
x_train=dt.fit_transform(x_train.to_dict(orient="record"))
x_test=dt.fit_transform(x_test.to_dict(orient="record"))
#使用随机森林
```

```
rfc = RandomForestClassifier( )
rfc. fit( x_train, y_train)
rfc_y_predict = rfc. predict( x_test)
print( rfc. score( x_test, y_test) )
print( classification_report( y_test, rfc_y_predict, target_names = [ "died", "
survived" ] ) )
```

运行结果如下：

```
0.7872340425531915
                precision   recall   f1-score   support

         died      0.81      0.89       0.85       219
     survived      0.73      0.57       0.64       110

    micro avg      0.79      0.79       0.79       329
    macro avg      0.77      0.73       0.75       329
 weighted avg      0.78      0.79       0.78       329
```

6.5 梯度提升分类树

6.5.1 算法原理

决策树通常可以分为分类决策树和回归决策树两大类。分类决策树主要处理离散型数值，通常用于将样本数据分为不同的类别，例如：阴天/晴天，男孩/女孩等；而回归决策树主要处理连续性数值，通常用于预测实数值，例如：商品的价格、用户的年龄等。一般而言，分类树是定性的，而回归树是定量的。

梯度提升分类树（GBDT：Gradient Boosting Decison Tree）是迭代多棵回归树，并累加所有树的结果作为最终结果，例如：对年龄的累加来预测年龄。由于要累加所有树的结果，而分类树得到的是类别，无法累加，所以GBDT 中的树单指回归树，因此，GBDT 的基础是回归决策树。

GBDT 迭代多棵回归树来共同决策，采用的方法是让损失函数沿着梯度的方向下降。即，GBDT 每轮迭代的时候，都去拟合损失函数在当前模型下的负梯度。这样，每轮迭代时都能够让损失函数尽可能快的减小，尽快地收敛达到局部最优解或者全局最优解。如果损失函数使用的是平方误差损失函数，则这个损失函数的负梯度就可以用残差来代替。

GBDT 的思想可以用一个通俗的例子解释，假如明天温度为 30，第一轮可能用 25 去拟合，发现损失有 5；第二轮可以用 3 去拟合剩下的损失，发现差距还有 2；第三轮可以用 1 去拟合剩下的差距，差距就只有 1 了。依此类推，随着迭代轮数的增加，拟合的温度误差都会减小。

6.5.2　算法流程

GBDT 通过多轮迭代，每轮迭代产生一个弱分类器，每个分类器在上一轮分类器的梯度（如果损失函数是平方损失函数，则梯度就是残差值）基础上进行训练。GBDT 中的弱分类器选择的是 CART 回归树。GBDT 中特征的选择就是 CART 回归树的生成过程中特征属性的选择。

提升树利用加法模型和前向分步算法实现学习的优化过程。当损失函数是平方损失和指数损失函数时，每一步的优化都比较简单，如：平方损失函数学习残差回归树。而对于一般的损失函数（如：绝对值损失函数）而言，每一步优化并不容易，GBDT 利用损失函数的负梯度在当前模型的值，作为回归问题中提升树算法的残差的近似值，拟合一棵回归树。

（1）构造 CART 回归树

CART 回归树的待预测结果为连续型数据。回归树选取方差作为评价分裂属性的指标。选择具有方差最小的属性及其属性值，作为最优分裂属性以及最优分裂属性值。均方差越小，说明二分之后的子样本的"差异性"越小，说明选择该属性（值）作为分裂属性（值）的效果越好。具体步骤为：在训练数据集所在的输入空间中，递归地将每个区域划分为两个子区域并决定每个子区域上输出值，构建二叉决策树，具体步骤参见分类决策树中的 CART 算法。

（2）梯度提升

如果损失函数定义为平方损失函数 $Loss(y, f(x)) = (f(x) - y)^2$，当生成第一步的决策树之后，就使用构造的回归决策树的预测值与真实值之间的差值，即残差作为下一步的学习对象，依次迭代，直到误差足够小或满足要求。最后进行结果的累加，得到最后的输出。

而对于一般的损失函数（如：绝对值损失函数）而言，每一步优化并不容易，GBDT 利用损失函数的负梯度在当前模型的值，作为回归问题中提升树算法的残差的近似值，拟合一棵回归树。算法过程如下：

①初始化。估计使损失函数极小化的常数值，它是只有一个根节点的树。

②对以下步骤进行 $t = (1, 2, \cdots, T)$ 轮迭代。

  a. 计算损失函数的负梯度在当前模型的值，将它作为残差的估计；

  b. 估计回归树叶节点区域，以拟合残差的近似值；

  c. 利用线性搜索估计叶节点区域的值，使损失函数极小化；

  d. 更新回归树。

(3)得到输出的最终模型

6.6 贝叶斯分类

6.6.1 算法原理

贝叶斯分类是以贝叶斯定理为基础，其基本求解公式为：

$$P(B|A) = \frac{P(A|B)P(B)}{P(A)}$$

其中，$P(A|B)$ 表示当事件 B 发生前提下事件 A 发生的概率，$P(B|A)$ 表示当事件 A 发生前提下事件 B 发生的概率。由贝叶斯定理可以知道，如果无法直接得出 $P(B|A)$，那么可以通过求 $P(A|B)$，从而求得 $P(B|A)$。贝叶斯分类算法通常可分为朴素贝叶斯分类算法、树增强型朴素贝叶斯算法等。在大型数据库等多个应用场合，朴素贝叶斯分类算法可以与决策树、神经网络等分类算法相媲美，而且该方法简单、分类准确率高、速度快。此处主要介绍朴素贝叶斯分类算法。

朴素贝叶斯分类是一种相对比较简单的分类方法，它的基本思想为：对于一个待分类项，求出该项的每一个特征属性在所有类别中出现的概率，其概率最大者即为该分类项的类别。

朴素贝叶斯分类的数学定义如下：设 $x = \{a_1, a_2 \cdots a_n\}$ 为一个待分类项，a_i，$i \in \{1, 2, 3, \cdots, n\}$ 为 x 的特征属性并且假设每一个属性间相互独立，类别集合 $H = \{D_1, D_2 \cdots D_n\}$，计算出 $P(D_1|x)$，$P(D_2|x)$，$\cdots$，$P(D_n|x)$，取其概率最大者即为 x 所属的类别。

朴素贝叶斯分类的核心在于计算 $P(D_1|x)$，$P(D_2|x)$，$\cdots$，$P(D_n|x)$，

正常情况下无法直接得出 $P(D_1|x)$，$P(D_2|x)$，$\cdots$，$P(D_n|x)$，因此需要借助贝叶斯公式才可以得到：

$$P(D_i|x) = \frac{P(x\mid D_i)P(D_i)}{P(x)}, \; i \in \{1, 2, 3, \cdots, n\}$$

其中，$P(x\mid D_i) = P(a_1\mid D_i)P(a_2\mid D_i)\cdots P(a_n\mid D_i) = \prod_{j=1}^{n} P(a_j\mid D_i)$。

$$P(D_i|x) = \frac{P(D_i)\prod_{j=1}^{n} P(a_j\mid D_i)}{P(x)}$$

由于 $P(x)$ 通常为常数，$P(x)$ 值的大小并不影响 $P(D_i|x)$，$i \in \{1, 2, 3, \cdots, n\}$ 的值的顺序，因此，为了计算的简便性，在实际的各种分类比较计算时，可以采用下式直接计算。

$$P(D_i|x) = P(D_i)\prod_{j=1}^{n} P(a_j\mid D_i)$$

综上所述，可以看出朴素贝叶斯分类算法是极为简便以及易于使用的，但其要求待分类项中的属性间相互独立，而在实际问题中属性之间往往相互关联，分类的准确率也可能因此下降。

6.6.2 算法的流程

朴素贝叶斯分类算法大致包含三个步骤：

准备阶段。这一阶段的目的主要是为后续的分类做必要的数据准备。其主要任务是确定待分类项的特征属性，并根据需求对所选取的特征属性进行适当划分，然后人工对一部分待分类项进行分类，形成训练样本集合。因此，此阶段的输入是所有待分类数据，输出则是特征属性和训练样本。

分类阶段。这一阶段的工作为生成分类器。其主要任务为计算每个类别在训练集中出现的频率以及待分类项特征属性划分对每个类别的条件概率估计，并记录计算出来的结果。因此，此阶段的输入是特征属性和训练样本，输出是分类器。

应用阶段。该阶段的工作为使用生成的分类器对待分类进行分类。因此，此阶段的输入是分类器和待分类项，输出是待分类项与类别的映射关系。

6.6.3 朴素贝叶斯分类的核心源代码

朴素贝叶斯分类的核心源代码(Python 语言)如下:

以一个简单的训练数据,预测特定情况下的 Delay 概率:

```
# coding = utf-8
from __future__ import division


def createDataSet():
    dataSet = [['Summer','Sunny','no','CZ','no'],
                ['Summer','Sunny','no','CA','no'],
                ['Autumn','Sunny','no','CZ','yes'],
                ['WinterSpring','RainyOrSnowy','no','CZ','yes'],
                ['WinterSpring','Cloudy','yes','CZ','yes'],
                ['WinterSpring','Cloudy','yes','CA','no'],
                ['Autumn','Cloudy','yes','CA','yes'],
                ['Summer','RainyOrSnowy','no','CZ','no'],
                ['Summer','Cloudy','yes','CZ','yes'],
                ['WinterSpring','RainyOrSnowy','yes','CZ','yes'],
                ['Summer','RainyOrSnowy','yes','CA','yes'],
                ['Autumn','RainyOrSnowy','no','CA','yes'],
                ['Autumn','Sunny','yes','CZ','yes'],
                ['WinterSpring','RainyOrSnowy','no','CA','no']]
    labels = ['Season','Weather','A_Control','Airline','DelayOrNot']
    return dataSet, labels


if __name__ == "__main__":
    dataSet, labels = createDataSet()
    Season,Season_number,Weather,Weather_number,AirLine,\
    AirLine_number,A_Control,A_Control_number,Delay = [],[],[],\
[],[],[],[],[],[]
    for i in range(len(dataSet)):
```

```
            Delay. append(dataSet[i][4])
            Season_number. append(dataSet[i][0])
            Weather_number. append(dataSet[i][1])
            A_Control_number. append(dataSet[i][2])
            AirLine_number. append(dataSet[i][3])
    for i in range(len(Delay)):
        if Delay[i] == 'yes':
            Season. append(dataSet[i][0])
            Weather. append(dataSet[i][1])
            A_Control. append(dataSet[i][2])
            AirLine. append(dataSet[i][3])
            Delay. append(dataSet[i][4])
    P(Delay = yes | Season = Summer, Weather = RainyOrSnowy, A_Control =
no, Airline = CA)
    for i in range(len(Season)):
            P_A1_C = Season. count("Summer") / len(Season)
            P_A2_C = Weather. count("RainyOrSnowy")/ len(Weather)
            P_A3_C = A_Control. count("no")/ len(A_Control)
            P_A4_C = AirLine. count("CA")/ len(AirLine)
            P_C = Delay. count('yes') / len(Delay)
    P_A1 = Season_number. count("Summer") / len(Season_number)
    P_A2 = Weather_number. count("RainyOrSnowy") / len(Weather_
number)
    P_A3 = A_Control_number. count("no") / len(A_Control_number)
    P_A4 = AirLine_number. count("CA") / len(AirLine_number)
    P = (P_A1_C * P_A2_C * P_A3_C * P_A4_C * P_C) / (P_A1 * P_
A2 * P_A3 * P_A4)
```

结果为：

在 Season = Summer, Weather = RainyOrSnowy, A_Control = no, Airline = CA 这
种情况下，飞机晚点的概率是 P = 0.261848。

6.7　支持向量机分类

支持向量机是 Corinna Cortes、Vapnik 等人提出来的，是一种有监督的学习模型，主要用于数据分类、模式识别等。在解决小样本、非线性和高维模式识别中有一定的优势，并且能够运用到函数拟合等其他机器学习中。其分类算法主要用来解决二值分类问题。在实际应用中，也可将支持向量机推广到多分类问题。支持向量机主要有线性可分支持向量机、非线性支持向量机与核函数等。下面主要讨论线性可分支持向量机。

6.7.1　算法的基本原理

支持向量机（SVM：Support Vector Machine）也被称为最大边缘分类器，属于一般化线性分类器。其基本思想是将所有待分类的点映射到一个高维空间中，然后在高维空间中建立一个最大间隔（在支持向量机中，分类边界与最近的训练数据点之间的距离称为间隔）超平面作为分类边界来将这些点分开，使得点距离该分割平面尽可能远而分割平面两侧的空白区域最大。其主要特点是能够同时将经验误差最小化和集合边缘区最大化。支持向量机分类数据点的方法主要是构建一个或多个高维，甚至是无限维的超平面。

首先，训练样本集中的每一个样本由一个向量和一个标记组成，记为：$D_i = (x_i, y_i)$，$i = 1, 2, 3, \cdots, l$，其中，x_i 是文本向量，y_i 是分类标记。在二元的线性分类中，y_i 只有两个值：1 和 -1。标记为正（$y_i = 1$）的属于第一类，其中，$x_i \in R^n$；标记为负（$y_i = -1$）的属于第二类，其中，$x_i \in R^n$。

在图 6-6 中，假设存在一个超平面 $H: wx + b = 0$，$w \in R^N$，$b \in R$，可以将这些样本准确无误地分割开，同时存在两个平行于 H 的超平面 H_1 和 H_2：$wx + b = 1$，$wx + b = -1$，$w \in R^N$，$b \in R$。使离 H 最近的正负样本刚好分别落在 $H1$ 和 $H2$ 上，这样的样本就是支持向量。那么其他所有的训练样本都将位于 $H1$ 和 $H2$ 之外，也就是满足如下约束：

$$\begin{cases} wx_i + b \geq 1, & y_i = 1 \\ wx_i + b \leq -1, & y_i = -1 \end{cases}$$

进行归一化：$y_i(wx_i + b) \geq 1$，$i = 1, 2, 3, \cdots, n$

此时 $H1$ 和 $H2$ 之间的间隔（即分类间隔）等于：$\dfrac{2}{\|w\|}$

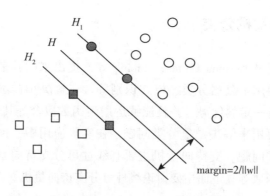

图 6-6   线性可分情况下的最优分类线

为了使分类间隔最大，实际等价于使 $\|w\|$ 最小，$\|w\|$ 与 $\frac{1}{2}\|w\|^2$ 具有正相关性，为了方便计算，实际计算 $\frac{1}{2}\|w\|^2$ 的最小值就可以了，即：

$$\min_{w,\,b} \frac{1}{2}\|w\|^2,\ s.t.\ y_i(wx_i + b) \geqslant 1,\ i = 1,\ 2,\ 3,\ \cdots,\ n \quad (*)$$

此为支持向量机的基本型。这是一个凸二次规划问题。为了求解线性可分支持向量机的最优化问题，应用拉格朗日对偶性，通过求解对偶问题而得到原最优化问题的解。

首先，对 $(*)$ 的每一个不等式约束，引入拉格朗日乘子 $\alpha_i \geqslant 0$，$i = 1$，2，3，$\cdots$，n，然后定义拉格朗日函数：

$$L(w,\ b,\ \alpha) = \frac{1}{2}\|w\|^2 - \sum_{i=1}^{n} \alpha_i y_i(wx_i + b) + \sum_{i=1}^{n} \alpha_i$$

其中，$\alpha = (\alpha_1,\ \alpha_2,\ \alpha_3,\ \cdots,\ \alpha_n)^T$ 为拉格朗日乘子向量。

根据拉格朗日对偶性，原最优化问题的对偶问题就是一个极大极小问题：

$$\max_{\alpha} \min_{w,\,b} L(w,\ b,\ \alpha)$$

所以，通过先求 $L(w,\ b,\ \alpha)$ 对 w，b 的极小，再求对 α 的极大，就可以得到原对偶问题的解。

6.7.2   线性支持向量机的核心源代码

线性支持向量机的核心源代码(Python 语言)如下：

步骤 1：按照正态分布产生数字，形成数据集 。

```
from sklearn import svm
import numpy as np
import matplotlib. pyplot as plt

np. random. seed(0)
x = np. r_[ np. random. randn ( 200, 2)-[ 2, 2], np. random. randn ( 200,
2) + [ 2, 2]]
y = [ 0 ] * 200 + [ 1 ] * 200   # 20 个 class0,20 个 class1
print(x)
print(y)
```

步骤 2：产生线性分类边界,得到斜率和截距。

```
clf = svm. SVC( kernel = 'linear')
clf. fit( x, y)

w = clf. coef_[ 0 ]
a = -w[ 0 ] / w[ 1 ]
xx = np. linspace( -4, 4)
yy = a * xx-( clf. intercept_[ 0 ]) / w[ 1 ]
```

步骤 3：画出散点和点相切的线。

```
b = clf. support_vectors_[ 0 ]
yy_down = a * xx + ( b[ 1 ]-a * b[ 0 ])
b = clf. support_vectors_[ -1 ]
yy_up = a * xx + ( b[ 1 ]-a * b[ 0 ])

print( "W:", w)
print( "a:", a)

print( "support_vectors_:", clf. support_vectors_)
print( "clf. coef_:", clf. coef_)

plt. figure( figsize = ( 8, 4))
```

```
plt. plot( xx, yy)
plt. plot( xx, yy_down)
plt. plot( xx, yy_up)
plt. scatter( clf. support_vectors_[ :, 0], clf. support_vectors_[ :, 1], s =
80)
plt. scatter( x[ :, 0], x[ :, 1], c = y, cmap = plt. cm. Paired)
plt. axis( 'tight')


plt. show( )
```

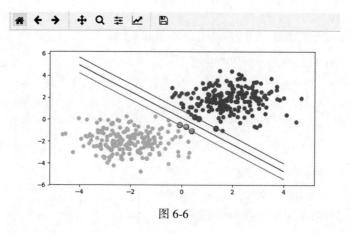

图 6-6

本章参考文献：

[1] http：// deeplearning. stanford. edu/ wiki/ index. php/ Softmax _ Regression [EB/ OL].

[2] http：//blog. csdn. net/ u013239871/ article/ details/ 51291277[EB/ OL].

[3] https：//www. cnblogs. com/ leoo2sk/ archive/ 2010/ 09/ 19/ decision-tree. html [EB/ OL].

[4] https：//blog. csdn. net/ zhihua_oba/ article/ details/ 72230427[EB/ OL].

[5] https：// blog. csdn. net/ xiongchengluo1129/ article/ details/ 78485306 [EB/ OL].

[6] https：//www. stat. berkeley. edu/ ~ breiman/ RandomForests/ cc _ home. htm#

inter[EB/OL].

[7] 魏红宁. 决策树剪枝方法的比较[J]. 西南交通大学学报, 2005, 40(1): 44-48.

[8] 张宇. 决策树分类及剪枝算法研究[D]. 哈尔滨理工大学, 2009.

[9] Breiman L, Friedman J H, Olshen R, et al. Classification and Regression Trees[J]. Biometrics, 1984, 40(3): 358.

[10] https://blog. csdn. net/guoyunfei20/article/details/78911721[EB/OL].

[11] https://blog. csdn. net/asxinyu_usst/article/details/50703602[EB/OL].

第 7 章　聚类算法

聚类和分类不同，聚类分析的输入集是一组未标定的记录，即没有进行任何分类的记录，其目的是根据一定的规则，合理地划分记录集合，并用显式或隐式的方法描述不同的类型。而所依据的这些规则是由聚类分析工具定义的。实际上，分类与聚类是互逆的过程。

聚类是按被处理对象的特征进行分类，将具有相同特征的对象归为一类。其目标是将数据聚集成类，使得类间的相似性尽可能小，而类内的相似性尽可能大。

不同的分类标准可以产生不同的聚类方法，若根据隶属度的取值范围来划分，聚类算法分成硬聚类与模糊聚类两种。硬聚类（hard clustering），即将数据点划分到确定的某一聚类中；而软聚类（亦称模糊聚类，soft clustering），即数据点则可能归属于不止一个聚类中。本章主要讨论常见的硬聚类方法。常见的硬聚类方法主要有分割聚类方法、层次聚类方法、基于密度的聚类方法、基于网格的方法、基于模型的方法等。

7.1　分割聚类方法

分割聚类方法（Partitioning Clustering Method）是一种基于原型（Prototype）的聚类方法，其基本思路是：首先从数据集中随机地选择几个对象作为聚类的原型，然后将其他对象分别分配到由原型所代表的距离最近的类中。对于分割聚类方法，一般需要一种迭代控制策略，对原型不断地进行调整，从而使得整个聚类得到优化，如：使得各对象到其原型的平均距离最小。

7.1.1　K-means 聚类原理

K-means 算法是典型的分割聚类方法，它假设有 n 个对象需要分成 K
类，那么在 K-means 算法中，首先随机地选择 K 个对象代表 K 个类，每一
个对象作为一个类的中心，根据距离中心最近的原则将其他对象分配到各
个类中。在完成首次对象的分配之后，以每一个类中所有对象的各属性均
值(means)作为该类新的中心，进行对象的再分配，重复该过程直到没有变
化为止，从而得到最终的 K 个类。在 K-means 算法中，聚类的个数 K 是必
须预先指定的参数。

7.1.2　K-means 聚类流程

K-means 聚类的过程可以通过下述几个步骤来描述：

①随机地选择 K 个对象，每一个对象作为一个类的"中心"，分别代表
将分成的 K 个类。

②根据距离"中心"最近的原则，将其他对象分配到各个相应的类中。

③针对每一个类，计算其所有对象的平均属性值，作为该类新的"中
心"。

④根据距离"中心"最近的原则，重新进行所有对象到各个相应类的
分配。

⑤由④得到的新的类的划分与原来的类划分相同，则停止计算。否则，
转③。

K-means 算法实现简单、效率较高，而且时间复杂度近于线性，适合于
大数据集的挖掘。在 K-means 算法中，由于 K 需要事先确定，因此 K 值大
小的确定是困难的。在 K-means 算法中，由于需要对初始聚类不断地调整、
优化，直至得到最终的聚类，因此当数据量非常大时，算法的时间开销也
会非常大。

7.1.3　K-means 聚类的核心源代码

K-means 聚类的核心源代码(python 语言)如下：

步骤 1：导入数据。

```
import numpy as np
```

143

```
import matplotlib. pyplot as plt

def load_data( file_path) :
    f = open( file_path)
    data = [ ]
    for line in f. readlines( ) :
        row = [ ]
        lines = line. strip( ). split( " \t" )
        for x in lines:
            row. append( float( x) )
        data. append( row)
    f. close( )
    return np. mat( data)
```

步骤 2：随机初始化 K 个聚类中心，并进行聚类计算。

```
centroids = randCent( data, k)
subCenter = kmeans( data, k, centroids)

def randCent( data, k) :
    n = np. shape( data) [ 1]
    centroids = np. mat( np. zeros( ( k, n) ) )
    for j in range( n) :
        minJ = np. min( data[ :, j] )
        rangeJ = np. max( data[ :, j] ) -minJ
        centroids[ :, j] = minJ * np. mat( np. ones( ( k, 1) ) ) \
                        + np. random. rand( k, 1) * rangeJ
    return centroids

def kmeans( data, k, centroids) :
    m, n = np. shape( data)
    subCenter = np. mat( np. zeros( ( m, 2) ) )
    change = True
    while change = = True:
```

```
        change = False
        for i in range(m):
            minDist = np. inf
            minIndex = 0
            for j in range(k):
                dist = distance(data[i, ], centroids[j, ])
                if dist < minDist:
                    minDist = dist
                    minIndex = j
            if subCenter[i,0] ! = minIndex:
                change = True
                subCenter[i, ] = np. mat([minIndex, minDist])
        for j in range(k):
            sum_all = np. mat(np. zeros((1, n)))
            r = 0
            for i in range(m):
                if subCenter[i, 0] = = j:
                    sum_all + = data[i, ]
                    r += 1
            for z in range(n):
                try:
                    centroids[j, z] = sum_all[0, z] / r
                except:
                    print(" r is zero")
    return subCenter
```

步骤 3：保存所得的结果，并画图，其图如图 7-1 所示。

```
save_result("sub", subCenter)
save_result("center", centroids)


def save_result(file_name, source):
    m, n = np. shape(source)
    f = open(file_name, "w")
```

```
for i in range(m):
    tmp = []
    for j in range(n):
        tmp.append(str(source[i, j]))
    f.write("\t".join(tmp) + "\t"+"\n")
f.close()
```

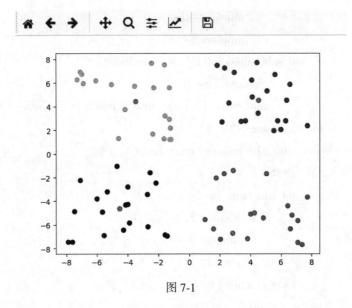

图 7-1

7.2　层次聚类方法

　　层次聚类方法(Hierarchical Clustering Method)是发展比较早、应用比较广泛的一种聚类分析方法，它是采用"自顶向下"(Top-Down)或"自底向上"(Bottom-Up)的方法在不同的层次上对对象进行分组，形成一种树形的聚类结构。如果采用"自顶向下"的方法，则称为分解型层次聚类法(Divisive Hierarchical Clustering)；如果采用"自底向上"的方法，则称为聚结型层次聚类法(Agglomerative Hierarchical Clustering)。一种聚结型层次聚类算法 AGNES 和一种分解型层次聚类算法 DIANA 分别处理一个包含 5 个对象的数据集合{a, b, c, d, e}的过程，如图7-2所示。

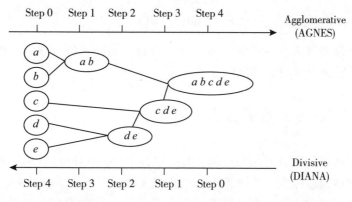

图 7-2　对数据对象 $\{a, b, c, d, e\}$ 的聚结型和分解型层次聚类

聚结型层次聚类算法 AGNES 先让每个对象自成一簇，然后根据一定的准则逐步合并这些簇，直到所有的对象最终合并形成一个簇；而分解型层次聚类算法 DIANA 则先让所有的对象形成一个初始簇，再根据一定原则将该簇分解，直到每个新簇最终仅包含一个对象。在聚结型或者分解型层次聚类方法中，终止条件为用户自定义的簇数目。

层次聚类方法同分割聚类方法的不同之处在于：对于分割聚类方法而言，一般需要一种迭代控制策略，使得整个聚类逐步优化；层次聚类方法并不是试图寻找最佳的聚类结果，而是按照一定的相似性判断标准，合并最相似的部分，或者分割最不相似的两个部分。如果合并最相似的部分，那么从每一个对象作为一个类开始，逐层向上进行聚结；如果分割最不相似的两个部分，那么从所有的对象归属在唯一的一个类中开始，逐层向下分解。

在层次聚类方法中，判断各个类之间的相似程度的准则是：假设 C_i 和 C_j 是聚类过程中同一层次上的两个类，n_i 和 n_j 分别是 C_i 和 C_j 两个类中的对象数目，$p^{(i)}$ 为 C_i 中的任意一个对象，$p^{(j)}$ 为 C_j 中的任意一个对象，f_i 为 C_i 中对象的平均值，f_j 为 C_j 中对象的平均值。那么下面四种距离比较广泛地用于计算两个类之间的差异度：

平均值距离：$d_{mean}(C_i, C_j) = d(f_i, f_j)$

平均距离：$d_{average}(C_i, C_j) = \dfrac{1}{n_i n_j} \displaystyle\sum_{p^{(i)} \in C_i, \ p^{(j)} \in C_j} d(p^{(i)}, p^{(j)})$

最大距离：$d_{\max}(C_i,\ C_j) = \max\limits_{p^{(i)} \in C_i,\ p^{(j)} \in C_j} d(p^{(i)},\ p^{(j)})$

最小距离：$d_{\min}(C_i,\ C_j) = \min\limits_{p^{(i)} \in C_i,\ p^{(j)} \in C_j} d(p^{(i)},\ p^{(j)})$

层次聚类算法不需要预先确定聚类数目，比较容易发现类间的层次关系，依据距离定义相似度比较容易实现。

7.3 基于密度的聚类方法

基于密度的聚类方法（Density-Based Clustering Method）以局部数据特征作为聚类的判断标准。类被看作一个数据区域，在该区域内对象是密集的，对象稀疏的区域将各个类分隔开来。多数基于密度的聚类算法形成的聚类形状可以是任意的，并且一个类中对象的分布也可以是任意的。其基本思想是：只要一个区域中的点的密度大于某个域值，就把它加到与之相近的聚类中去。对于簇中每个对象，在给定的半径 ε 的邻域中至少要包含最小数数目（MinPts）个对象。DBSCAN 聚类算法是典型的基于密度的聚类算法之一。下面主要介绍 DBSCAN 聚类算法。

7.3.1 DBSCAN 聚类算法原理

DBSCAN 聚类算法中的 6 个基本概念（见图 7-3）：

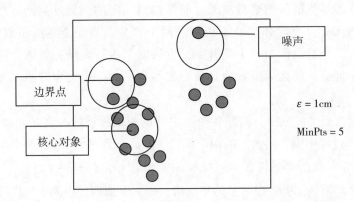

图 7-3

核心对象（Core object）：如果一个对象，在给定的半径 ε 的邻域至少包含最小数目（MinPts）个对象，则该对象为核心对象。

边界点(Border)：该点不是核心点，但其落在某个核心点的 ε 邻域内的对象称为边界点。

噪声(Outlier)：如果某一对象不属于任何簇，则这一对象称为噪声。

直接密度可达的(Directly Density Reachable, DDR)：给定对象集合 D，如果 q 在 p 的 ε-邻域内，并且 p 是核心对象，则对象 q 是从对象 p 直接密度可达的。

密度可达的(Density Reachable)：给定对象集合 D，如果存在一条对象链 $<p_1, p_2, \cdots, p_n>$，满足 $p_1 = p$，$p_n = q$，p_i 直接密度可达 p_{i+1}，则对象 q 是从对象 p 密度可达的。

密度相连：存在样本集合 D 中的一点 o，如果对象 o 到对象 p 和对象 q 都是密度可达的，那么 p 和 q 密度相连。

图 7-4 中，假设 MinPts = 3，$\varepsilon = 3$，则点 p 为核心对象，q 为非核心对象。因此，q 是从 p 密度可达；p 不是从 q 密度可达(q 非核心)；s 和 r 从 o 密度可达；o 从 r 密度可达；r, s 密度相连。

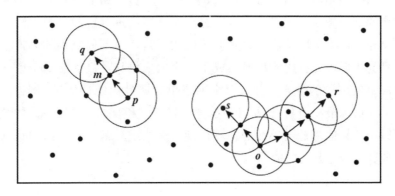

图 7-4

7.3.2 DBSCAN 聚类算法流程

DBSCAN 聚类算法：

(1)任意选取一个点 p，并得到所有从 p 关于 ε 和 MinPts 密度可达的点

①如果 p 是一个核心点，则找到一个聚类。

②如果 p 是一个边界点，没有从 p 密度可达的点，DBSCAN 将访问数据

库中的下一个点。

(2)继续这一过程，直到数据库中的所有点都被处理

由于系统对 MinPts 等用户定义的参数敏感，不同的参数可能导致差别很大的聚类，因此，对于相关数据(特别是对于高维数据)而言，参数难以确定。

7.4　基于网格的方法

这种方法首先将数据空间划分成为有限个单元(cell)的网格结构，所有的处理都是以单个的单元为对象的。这么处理的一个突出的优点就是处理速度很快，通常与目标数据库中记录的个数无关，只与把数据空间分为多少个单元有关。

7.4.1　STING 聚类算法原理

STING(Statistical Information Grid：统计信息网格)是一种基于网格的多分辨率的聚类技术。它将输入对象的空间区域通过分层和递归方法划分为矩形单元。这些多层矩形单元对应不同的分辨率。不同级别的分辨率有不同级别的矩形单元，这些单元形成了一个层次结构：高层的每个单元被划分为多个低一层的单元。关于每个网格单元属性的统计信息(例如：平均值、最大值和最小值)作为统计参数被预先计算和存储。高层单元的统计参数可以很容易地从低层单元的计算得到。这些统计信息对后续的查询处理和其他数据分析是有效的。

网格中常用的统计参数：

① n：本层网格中对象数目。

② m：本层网格中所有值的平均值。

③ s：网格中属性值的标准差。

④ min：网格中属性值的最小值。

⑤ max：网格中属性值的最大值。

⑥ distribution：网格中属性值符合的分布类型。如正态分布、均匀分布、指数分布或无。

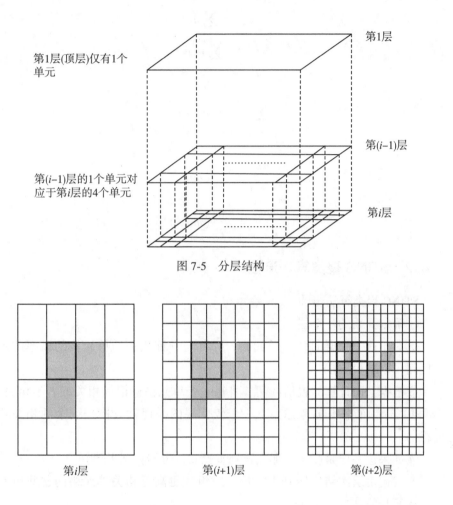

图 7-5　分层结构

第 i 层　第 $(i+1)$ 层　第 $(i+2)$ 层

第 i 层的一个单元格对应第 $(i+1)$ 层的 4 个单元格；第 $(i+1)$ 层的一个单元格对应第 $(i+2)$ 层的 4 个单元格。

当数据被装载进数据库时，底层单元网格中的参数 n，m，s，min，max 直接从数据中计算得到。如果预先知道分布的类型，distribution 的值可以由用户指定，也可以通过假设检验来获得。一个高层单元的分布类型可以基于它对应的低层单元多数的分布类型，用一个阈值过滤过程的合取来计算。如果低层单元的分布彼此不同，阈值检验失败，高层单元的分布类型被置为 none。高层单元的参数很容易由低层单元的参数使用下面的公式计算得到。

151

$$n_{i+1} = \sum_i n_i$$

$$m_{i+1} = \frac{\sum_i m_i n_i}{n_{i+1}}$$

$$s_{i+1} = \sqrt{\frac{\sum_i (s_i^2 + m_i^2) n_i}{n_{i+1}} - m_{i+1}^2}$$

$$min_{i+1} = \underset{i}{min}(min_i)$$

$$max_{i+1} = \underset{i}{max}(max_i)$$

7.4.2　STING 聚类算法流程

STING 聚类算法步骤：

①确定开始的一个层。

②对于这一个层的每个单元格，计算与查询相关的单元格的概率的置信区间(或估计范围)。

③根据上面计算的置信区间，将每一个单元格标记成相关或者不相关。(不相关的单元格不再考虑，下一个较低层的处理就只检查剩余的相关单元格。)

④如果这一层是底层，那么转到步骤⑥，否则转到步骤⑤。

⑤我们由层次结构转到下一层，对组成更高层相关单元格的这些单元格，依照步骤②进行计算。

⑥如果满足查询的规范，则转到步骤⑧，否则转到步骤⑦。

⑦检索落入相关单元格的这些数据，并做进一步处理。返回满足查询要求的结果。转到步骤⑨。

⑧找到相关单元格区域。返回满足查询要求的区域。转到步骤⑨。

⑨停止。

该方法通过扫描数据库一次，就可以计算得到单元格中的数据汇总信息，并且后续的查询是独立于基于网格的计算的，因此其效率是很高的。网格结构也有助于并行处理和增量更新。该方法的聚类质量取决于网格结构的最底层的粒度。如果粒度比较细，处理代价会显著增加；但是，如果网格结构的最底层的粒度太粗，将会降低聚类分析的质量。

7.5　基于模型的聚类方法

该方法主要有基于概率模型的方法和基于神经网络模型的方法。这里的概率模型主要指概率生成模型（Generative Model），同一"类"的数据属于同一种概率分布，主要依据概率分布形式来划分"类"，每个"类"的特征通过参数来表示。其中，基于模型的聚类方法中，最典型、最常用的方法就是高斯混合模型（GMM，Gaussian Mixture Models）；而基于神经网络模型的聚类方法主要有 SOM（Self Organized Maps）。此处，主要介绍高斯混合模型。

高斯混合模型指的是多个高斯分布函数的线性组合。设有随机变量 X，则混合高斯模型可以用下式的概率分布模型表示：

$$p(x) = \sum_{k=1}^{K} \alpha_k N(x \mid \mu_k, \sigma_k^2)$$

其中，α_k 为系数，$1 \geq \alpha_k \geq 0$，$\sum_{k=1}^{K} \alpha_k = 1$；$N(x \mid \mu_k, \sigma_k^2)$ 是高斯分布密度，被称为高斯混合模型的第 k 个分量。

例如：如果某数据服从高斯混合分布，且明显有两个聚类，因此可以定义 $K=2$，则其对应的高斯混合模型的形式如下：

$$p(x) = \alpha_1 N(x \mid \mu_1, \sigma_1^2) + \alpha_2 N(x \mid \mu_2, \sigma_2^2)$$

上式中未知的参数有 6 个：$(\alpha_1, \mu_1, \sigma_1^2; \alpha_2, \mu_2, \sigma_2^2)$，$\alpha_1$、$\alpha_2$ 是分别第 1 个、第 2 个分量被选中的概率，由于被选中的概率不相等，因此通过指定其大小的方法显然不合适。要想获得高斯混合模型的参数估计，可以利用 EM 算法，迭代计算出 GMM 中的参数。

EM 算法是一种从不完全数据或有数据丢失的数据集（存在隐含变量）中求解概率模型参数的最大似然估计方法。假设想得到两个参数 A 和 B 的值，而在开始状态下两者的值都是未知的，并且如果知道 A 的信息就可以得到 B 的信息，反之亦然。为了得到参数 A 和 B 的值，可以首先赋予 A 某个初值，由此得到 B 的估计值，然后根据 B 的当前值，重新估计 A 的值，如此反复，直到收敛为止。

EM 的算法流程：

定义分量数目 K，对每个分量 k 设置 α_k，μ_k，σ_k^2 的初始值，重复 E 步

骤和 M 步骤，直到收敛。

E 步骤：根据当前的 α_k，μ_k，σ_k^2 计算后验概率。

$$\hat{\gamma}_{jk} = \frac{\alpha_k N(x \mid \mu_k, \sigma_k^2)}{\sum\limits_{k=1}^{K} \alpha_k N(x \mid \mu_k, \sigma_k^2)}, \quad j = 1, 2, 3, \cdots, N; \quad k = 1, 2, 3, \cdots, K$$

M 步骤：根据 E 步骤中的 γ_{jk}，计算新一轮迭代的模型参数 $\hat{\alpha}_k$，$\hat{\mu}_k$，$\hat{\sigma}_k^2$ 的值。

$$\hat{\alpha}_k = \frac{\sum\limits_{j=1}^{N} \hat{\gamma}_{jk}}{N}, \quad k = 1, 2, 3, \cdots, K$$

$$\hat{\mu}_k = \frac{\sum\limits_{j=1}^{N} \hat{\gamma}_{jk} x_j}{\sum\limits_{j=1}^{N} \hat{\gamma}_{jk}}, \quad k = 1, 2, 3, \cdots, K$$

$$\hat{\sigma}_k^2 = \frac{\sum_{j=1}^{N} \hat{\gamma}_{jk} (x_j - \mu_k)(x_j - \mu_k)^T}{\sum\limits_{j=1}^{N} \hat{\gamma}_{jk}}, \quad k = 1, 2, 3, \cdots, K$$

EM 算法的优点：对于信息缺失的数据来说，EM 算法是一种极有效的工具。

本章参考文献：

[1]武森. 高维稀疏聚类知识发现[M]. 北京：冶金工业出版社，2003.

[2]Alex Rodriguez, Alessandro Laio. Clustering by fast search and find of density peaks [J]. Science, 27 JUNE 2014 · VOL 344 ISSUE 6191, 2014: 1492-1496.

[3]Wang W, Yang J, Muntz R. A statistic information grid approach to spatial data mining [C]. Proc. 1997 Int. Conf. Very Large Databases, Athens, Greece, Aug. 1997: 186-195.

[4]Agrawal R, Imielinski T, Swami A. Mining association rules between sets of items in large databases [C]. Proc. of the ACM SIGMOD Conference on Management of Data, Washington, D. C. May 1993: 207-216.

第 8 章　推荐算法

8.1　基于关联规则的推荐

设 $I = \{i_1, i_2, \cdots, i_m\}$ 是二进制文字的集合，其中的元素称为项（item）。记 D 为交易 T（transaction）的集合，这里交易 T 是项的集合，并且 $T \subseteq I$。对应每一个交易有唯一的标识，如交易号，记作 TID。设 X 是一个 I 中项的集合，如果 $X \subseteq T$，那么称交易 T 包含 X。

定义 8-1　关联规则　一个关联规则是形如 $X \Rightarrow Y$ 的蕴涵式，这里 $X \subseteq I$，$Y \subseteq I$，并且 $X \cap Y = \phi$。

定义 8-2　支持度（support）　规则 $X \Rightarrow Y$ 在交易数据库 D 中的支持度（support）是交易集中包含 X 和 Y 的交易数与所有交易数之比，记为 support $(X \Rightarrow Y)$，即

$$\text{support}(X \Rightarrow Y) = |T\colon X \cup Y \subseteq T,\ T \in D| / |D|$$

定义 8-3　置信度（confidence）　规则 $X \Rightarrow Y$ 在交易集中的置信度（confidence）是指包含 X 和 Y 的交易数与包含 X 的交易数之比，记为 confidence $(X \Rightarrow Y)$，即

$$\text{confidence}(X \Rightarrow Y) = |T\colon X \cup Y \subseteq T,\ T \in D| / |T\colon X \subseteq T,\ T \in D|$$

定义 8-4　频繁项目集（Frequent Itemset）　所有支持度大于用户给定的最小支持度的项集。

定义 8-5　强关联规则　同时满足用户给定的最小支持度和最小置信度的关联规则。

关联规则挖掘的两个步骤：①找出所有的频繁项目集；②有频繁项集产生强关联规则。典型的算法有 Apriori 算法、FP_growth 算法等。

8.1.1　Apriori 算法

Agrawal 等在 1993 年设计了一个 Apriori 算法，为生成所有频繁项集，Apriori 使用了递推的方法，其核心思想是：

$L_1 = \{ \text{large 1-itemsets} \}$；

for（$k = 2; L_{k-1} \neq \Phi; k++$）do begin

    $C_k = \text{apriori\_gen}(L_{k-1})$；//新的候选集

    forall transactions $t \in D$ do begin

        $C_t = \text{subset}(C_k, t)$；//事务 t 中包含的候选集

        forall candidate $c \in C_t$ do

            c. count++；

    end

    $L_k = \{ c \in C_k \mid c. \text{count} \geqslant \text{min\_sup} \}$

end

Answer $= \cup_k L_k$；

首先扫描一次数据库，产生频繁 1 项集 L_1；然后进行循环，在第 k 次循环中，首先由频繁 k-1 项集进行自连接和剪枝产生候选频繁 k 项集 C_k，然后使用 Hash 函数把 C_k 存储到一棵树上，扫描数据库，对每一个交易 T 使用同样的 Hash 函数，计算出该交易 T 内包含哪些候选频繁 k 项集，并对这些候选频繁 k 项集的支持数加 1，如果某个候选频繁 k 项集的支持数大于或等于最小支持数，则该候选频繁 k 项集为频繁 k 项集；该循环直到不再产生候选频繁 k 项集结束。

Apriori 算法的缺点：①由频繁 k-1 项集进行自连接生成的候选频繁 k 项集数量巨大。②在验证候选频繁 k 项集的时候需要对整个数据库进行扫描，非常耗时。

关联规则的 Apriori 算法有很多变体，这些变体针对以下目标进行优化：最小化扫描数据的次数；最小化必须分析的候选集数量；最小化计算每个候选集频率所需时间。频集算法的几种优化方法：Toivonen 算法先使用从数据库中抽取的样本得到一些在整个数据库中都可能成立的规则，然后对数据库中剩余部分验证这个结果。Toivonen 算法相当简单，减少了 I/O 代价，

但是很大的一个缺点就是产生的结果不精确。Savasere 等在 1995 年提出了一种把数据库分割(Partition)处理的算法,降低了采掘过程中 I/O 操作的次数,减轻 CPU 的负担。

8.1.2　频繁项集挖掘算法(FP_Growth)

Apriori 算法是基于候选项集产生频集的理论。由于这一先天的弱点,想要在基于 Apriori 算法基础上开发的应用取得实质性突破几乎是不可能的。而由 Han 等提出的一种新的算法理论,用一种压缩的数据结构(FP_tree)可存储关联规则挖掘所需的全部数据信息,通过对源数据的两次扫描,将数据信息存到这种结构里,避开了产生候选项集的步骤,极大地减少了数据交换和频繁匹配的开销。这就是所谓无候选项集产生算法,即频繁项集挖掘算法(Frequent Patterns Growth,FP_growth)。FP_growth 的算法描述如下:

算法:FP_growth//使用 FP_tree 通过模式段增长,挖掘频繁模式。

输入:事务数据库 D,最小支持度阈值 min_sup。

输出:频繁模式的完全集。

方法:

● 按以下步骤构造 FP_tree:

①扫描事务数据库 D 一次。收集频繁项的集合 F 和它们的支持度。对 F 按支持度降序排序,结果为频繁项集 L。

②创建 FP_tree 的根节点,以"null"标记它。对于 D 中每个事务 Trans,执行:选择 Trans 中的频繁项,并按 L 中的次序排序。设排序后的频繁项表为[p|P],其中 p 是第一个元素,而 P 是剩余元素的表。调用 insert_tree([p|P],T)。该过程执行情况如下:如果 T 有子女 N 使得 N. item-name = p. item-name,则 N 的计数增加 1;否则创建一个新节点 N,将其计数设置为 1,链接到它的父节点 T,并且通过节点链结构将其链接到具有相同 item-name 的节点。如果 P 非空,递归地调用 insert_tree(P,N)。

● FP_tree 的挖掘通过调用过程 FP_growth (FP_tree,null)实现。

Procedure FP_growth(Tree,α)

　　if Tree contains a single path P then

　　　　for each combination (denoted asβ) of the nodes in the path P

　　　　generate pattern$\beta \cup \alpha$ with support = minimum support of nodes in β;

157

else for each a_i in the header of Tree {

generate pattern$\beta = a_i \cup \alpha$ with support = a_i. support;

constructβ's conditional pattern base and then β's conditional FP_tree Tree_β；

if Tree_β $\neq \Phi$Then

call FP_growth(Tree_β,β);}

FP_growth 算法通过如下 3 个方面的改进与创新，彻底地脱离了必须产生候选项集的传统方式，开辟了关联规则挖掘的新思路。

①构造了一种新颖的、紧凑的数据结构 FP_tree。它是一种扩展的前缀树结构，存储了关于频繁模式数量的重要信息。树中只包含长度为 1 的频繁项作为节点，并且那些频度高的节点更靠近树的根节点，因此，频度高的项比那些频度低的项有更多的机会共享同一个节点。

②开发了基于 FP_tree 的模式片段成长算法，它从长度为 1 的频繁模式开始，只检查它的条件模式基构建它的条件模式树，并且在这个树上递归地执行挖掘。模式的成长通过联合条件模式树新产生的后缀模式实现。由于事务处理中的频繁项都对应着频繁树中的路径进行编码，模式的成长确保了结果的完整性。因此，FP_tree 算法不像 Apriori 类算法那样需要产生再测试，而是只需测试即可。挖掘的主要操作是计算累加值和调整前缀树，这种花费通常要远远小于 Apriori 类算法中的候选项集的产生和模式匹配操作。

③挖掘过程中采用的搜索技术是基于分区的，通过分割再解决的方法，而不是 Apriori 类算法的自下向上地产生频繁模式的集合。它通过将发现长频繁模式的问题转化成寻找短模式然后再与后缀连接的方法，避免了产生长候选项集，于是有效地减少了搜索成本。

8.2　基于内容过滤(Content-based Filtering)的推荐

基于内容过滤的推荐，也叫基于项目和项目关系(Item-to-item Correlation)的推荐。它是基于用户以前的历史记录为用户推荐其过去喜欢的相似的商品。这种推荐主要是建立项目和项目之间的关联相似规则模式，这种规则通常是通过 co-purchase 数据、co-visited 数据、内容相似性等关系而定。即考察项目 A 被购买了项目 B 也会被购买的关联关系。在这样的推荐系统中，如果项目 A 与项目 B 有较高的关联度，则当前用户购买项目 A，就会将项目 B 也推荐给当前用户。其工作原理如图 8-1 所示。

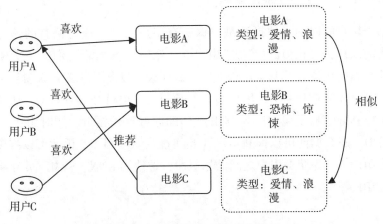

图 8-1　基于内容过滤的推荐原理

8.3　协同过滤（Collaborative Filtering）推荐

协同过滤推荐，也叫基于用户和用户关系（user-to-user correlation）的推荐，是基于其他用户的意见，利用用户之间的相似性来推荐商品，它能够为用户发现新的感兴趣的内容。协同式推荐系统使用历史信息来识别用户的邻居，并且分析这些邻居来识别有可能被这个用户喜欢的信息。它不同于基于内容过滤的推荐，推荐商品是基于其他用户的偏好，而不是基于用户过去喜欢的相似的商品。只计算用户之间的相似性，而不需要计算商品之间的相似性。它主要包括基于用户（User-based）的协同过滤推荐和基于项目（Item-based）的协同过滤推荐。

使用协同过滤为新用户提供建议有 3 个步骤：

①通过让新用户对网站所涉及的项目进行选择，建立一个用户档案。

②使用相似方法来比较新的用户和别的用户的档案。

③对新的用户没有列出的商品，使用具有相似档案的用户的评价来预测新用户会对这些商品作出的评价。

8.3.1　基于记忆(Memory-based)的协同过滤推荐

8.3.1.1　User-based 协同过滤推荐

基于用户的协同过滤推荐是根据所有用户对项目或者信息的偏好，发现与当前用户偏好相似的"邻居"用户群，然后，将"邻居"们的历史偏好信息推荐给当前用户。其基本原理如图 8-2 所示，假设用户 A 喜欢项目 A、项目 C，用户 B 喜欢项目 B，用户 C 喜欢项目 A、项目 C 和项目 D；从这些用户的历史喜好信息发现用户 A 和用户 C 的偏好比较接近，同时用户 C 还喜欢项目 D，那么据此可以推断用户 A 也可能喜欢项目 D，因此可以将项目 D 推荐给用户 A。为获得用户之间的相似性，常使用 KNN、SVM、贝叶斯分类法、TFIDF 等。

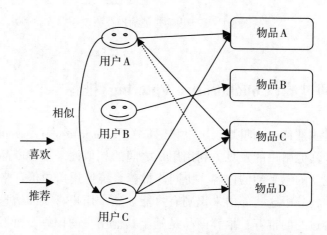

图 8-2　基于用户的协同过滤推荐的基本原理

8.3.1.2　Item-based 协同过滤推荐

基于项目的协同过滤基于这样一个假设：如果大部分客户对一些商品的评分比较相似，则当前客户对这些商品的评分也比较相似。该算法利用给定用户对已有项目的喜好属性来预测是否喜爱给定未知项目。

基于项目的协同过滤原理和基于用户的 CF 类似，只是在计算邻居时采用项目本身，而不是从用户的角度，即基于用户对项目的偏好找到相似的项目，然后根据用户的历史偏好，推荐相似的项目给他。从计算的角度看，就是将所有用户对某个项目的偏好作为一个向量来计算项目之间的相似度，得到项目的相似项目后，根据用户历史的偏好预测当前用户还没有表示偏好的项目，计算得到一个排序的项目列表作为推荐。图 8-3 给出了一个例子，对于项目 A，根据所有用户的历史偏好，喜欢项目 A 的用户都喜欢项目 C，得出项目 A 和项目 C 比较相似，而用户 C 喜欢项目 A，那么可以推断出用户 C 可能也喜欢项目 C。

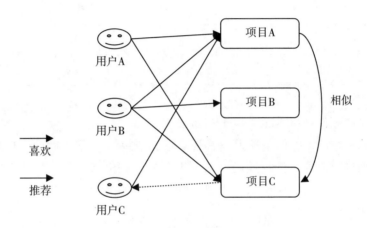

图 8-3　基于项目的协同过滤推荐的基本原理

常用的项目之间的相似度计算方法包括：皮尔森相关系数、余弦相似性、调整余弦相似性等。

①皮尔森相关系数（Pearson Correlation Coefficient）。

皮尔森相关系数是一个反映两个随机变量线性相关程度的统计量，其计算方法如下式所示。其中 r 表示皮尔森相关系数，n 表示样本量，X_i，Y_i 表示两个变量的观测值，$\bar{X}$，$\bar{Y}$ 表示两个变量的均值。

$$r = \frac{1}{n-1} \sum_{i=1}^{n} \left(\frac{X_i - \bar{X}}{s_X} \right) \left(\frac{Y_i - \bar{Y}}{s_Y} \right)$$

一般而言，$r \in (-1, 1)$，当：

（1）$r=0$ 时，变量 X 和 Y 之间没有线性关系。

（2）$0<r<1$ 时，变量 X 和 Y 之间为正线性相关。

（3）$-1<r<0$ 时，变量 X 和 Y 之间为负线性相关。

且 $|r|$ 越大，其线性相关程度越强，其意义如表 8-1 所示。

表 8-1   皮尔森相关系数的意义

相关系数(r)	相关程度
0.8 以上	极高
0.6~0.8	高
0.4~0.6	普通
0.2~0.4	低
0.2 以下	极低

②余弦相似性(Cosine-based Similarity)。

在这种情况下，两个项目通常被看成 m 维用户空间中的两个向量。它们的相似性可以通过计算这两个向量夹角的余弦值来度量，其计算方法如下式所示。其中 $sim(i, j)$ 表示项目 i 和 j 之间的相似性，$\cdot$ 表示两个向量之间的点积。

$$sim(i, j) = \cos(\vec{i}, \vec{j}) = \frac{\vec{i} \cdot \vec{j}}{\|\vec{i}\|_2 * \|\vec{j}\|_2}$$

$sim(i, j) \in [-1, 1]$，两向量的夹角为 0，$sim(i, j)$ 的值为 1，说明这两个向量完全一致，值越接近 1 其相似度越大，值越小其相似度越小。

③调整余弦相似性(Adjusted Cosine Similarity)。

余弦相似性度量方法没有考虑不同用户有不同的评分尺度，即同样商品，一些用户给了较高的评分等级，而另一些用户给了较低的等级。为了改进上述缺陷，调整余弦相似性方法采用用户评分减去其他用户对项目的平均评分来度量，其计算方法如下式所示。

$$sim(i, j) = \frac{\sum_{u \in U}(R_{u,i} - \overline{R_u})(R_{u,j} - \overline{R_u})}{\sqrt{\sum_{u \in U}(R_{u,i} - \overline{R_u})^2}\sqrt{\sum_{u \in U}(R_{u,j} - \overline{R_u})^2}}$$

其中 $sim(i, j)$ 表示项目 i 和 j 之间的相似性，U 是对项目 i、j 共同评分的用户集合，$R_{u,i}$ 是用户 u 对项目 i 的评分，$R_{u,j}$ 是用户 u 对项目 j 的评分，

$\overline{R_u}$ 是项目 i 的平均得分。

④皮尔森相关系数、余弦相似性、调整余弦相似性相对性能之比较。

Badrul Sarwar 等人在他们的数据集上，利用皮尔森相关系数、余弦相似性、调整余弦相似性等算法计算近邻和使用加权和算法产生预测结果，所得结果的平均绝对误差（MAE：Mean Absolute Error）如图 8-4 所示。平均绝对误差越低效果越好，从图中可以看出：调整余弦相似性有明显的优势，皮尔森相关系数和余弦相似性的效果较接近。

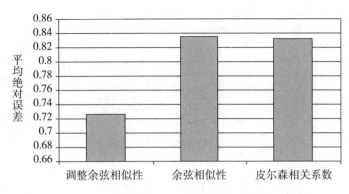

图 8-4　不同相似性度量方法之相对性能的比较

8.3.1.3　基于用户的与基于项目的协同过滤的比较

基于用户的 CF 与基于项目的 CF 之间的区别如表 8-2 所示。

表 8-2　　基于用户的 CF 与基于项目的 CF 之间的区别

项目		基于用户的协同过滤	基于项目的协同过滤
计算复杂度		复杂	一般
适用场景		非社交网络	社交网络
推荐多样性	单个用户角度	稍差	好
	系统的多样性	差	很好
用户对推荐算法的适应度		与共同喜好的用户数成正比	与用户喜欢物品的自相似度成正比

8.3.2 基于模型(Model-based)的协同过滤推荐

基于用户的协同过滤和基于项目的协同过滤都属于基于记忆(Memory based)的协同过滤。它们都要求计算指定用户看过的每一个项目，如果项目过多，计算的时间和空间复杂度就会大大增加。而基于模型的协同过滤技术先用历史资料得到一个模型，再用此模型进行预测，其原理如图 8-5 所示。

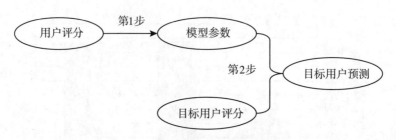

图 8-5　基于模型的协同过滤框架

在第 1 步，使用大量的用户评分来估计模型参数，然后在第 2 步，使用用户过去的评分预测目标用户。基于模型的协同过滤广泛使用的技术包括潜在语义索引(LSI：Latent Semantic Indexing)等。

检索相关网页的方法是在所有已经发现的网页中匹配查询请求。然而使用简单的词汇匹配的方法往往是不精确的，这是因为词语中存在"多词一意"和"一词多意"的情况。潜在语义索引(LSI)旨在通过考虑整个网络的词分布模式来克服上述问题。LSI 假设网页上许多共有的词汇在意义上是相近的且网页上少量的共有的词汇语义上相差较远。通过预测每个实词和词组的相似度来构成一个 LSI 索引数据库。响应查询时，LSI 索引数据库将返回它认为与检索词最匹配的页面。LSI 算法不需要理解词汇的准确含义且不需要精确匹配而返回有用的结果。

实际上，LSI 是利用奇异值分解(SVD：Singular Value Decomposition)方法将高维数据映射到低维空间。这个映射具有揭示输入数据中潜在语义结构的能力。

8.4　组合推荐

8.4.1　主要搜索推荐方法的比较

搜索推荐方法较多且各有优缺点，其比较如表 8-3 所示。

表 8-3　　　　　　　　　　　**主要搜索推荐方法的比较**

搜索推荐方法	优点	缺点
基于关联规划的推荐	不需领域知识； 可发现用户的兴趣点	抽取规则耗时多、困难较大； 个性化程度较低
基于内容的推荐	推荐结果直观，容易解释； 不需用户访问历史数据； 没有新项目问题； 没有稀疏问题； 需要成熟的分类学习技术支持	受限于特征抽取方法； 新用户问题； 海量数据分类器的训练； 可扩展性差
协同过滤推荐	不需要专业知识； 用户数增长时的性能提高； 易于发现用户新的兴趣点； 能处理复杂的非结构化对象； 推荐个性化、自动化程度高	稀疏问题； 可扩展性差； 新用户问题； 新项目问题； 质量取决于历史数据集； 系统开始时推荐质量差

8.4.2　混合推荐的七种组合思路

由于各种推荐方法各有优缺点，因而为了获得更佳的推荐结果，往往采用混合推荐(Hybrid Recommendation)。混合推荐并非将多个推荐方法简单地组合在一起，其中最重要的一点即推荐方法混合后要能避免或弥补各自推荐技术的弱点。在混合方式上，有研究人员提出了 7 种组合思路：

①加权(Weight)：用线性公式(linear formula)将几种不同的推荐按照一定权重组合起来，具体权重的值需要在测试数据集上反复实验，从而达到

最好的推荐效果。

②变换(Switch)：根据问题背景和实际情况或要求决定采用不同的推荐技术。

③混合(Mixed)：同时采用多种推荐技术，并将不同的推荐结果分不同的区显示给用户。

④特征组合(Feature combination)：组合来自不同推荐数据源的特征被另一种推荐算法所采用。

⑤层叠(Cascade)：先用一种推荐技术产生一种粗糙的推荐结果，以此推荐结果的基础，再利用第二种推荐技术作出更精确的推荐。

⑥特征扩充(Feature augmentation)：一种技术产生附加的特征信息嵌入到另一种推荐技术的特征输入中。

⑦元级别(Meta-level)：采用多种推荐机制，用一种推荐方法产生的结果作为另一种推荐方法的输入，从而综合各个推荐方法的优点，得到更加准确的推荐。

本章参考文献：

[1] [美]Linoff G S, Michael Berry J A. Web 数据挖掘：将用户数据转化为用户价值[M]. 北京：电子工业出版社，2004：18-48.

[2] Agrawal R, Imielinski T, Swami A. Mining association rules between sets of items in large databases[C]. Proceedings of the ACM SIGMOD Conference on Management of Data, 1993：207-216.

[3] Agrawal R, Srikant R. Fast algorithms for mining association rules in large database[J]. VLDB, 1994：487-499.

[4] Sarwar B M. Karypis G, Konstan J A, et al. Item-based collaborative filtering Recommendation Algorithms [C]. Proceedings of the 10th international conference on World Wide Web, 2001：285-295.

[5] Mobasher B, Burke R, Sandvig J. Model-based collaborative filtering as a defense against profile injection attacks[C]. Proceedings of the 21st National Conference on Artificial Intelligence and the 18th Innovative Applications of Artificial Intelligence Conference. AAAI, July 2006.

[6] Toivonen H. Sampling large database for association rules[C]. Proceedings of

the 22nd International Conference on Very Large Database, Bombay, India, September, 1996.

[7] Han Jiawei, Micheline K. Data Mining: Concepts and Techniques [M]. Morgan Kaufmann Publishers, 2001: 242.

[8] Han Jia-wei, Pei Jian, Yin Yi-wen. Mining frequent patterns without candidate generation [C]. Chen Wei-dong, Jeffrey FM, Philip A B. Proceedings of the 2000 ACMS IGMOD Internal Conference on Management of Data. Dallas, Texas: ACM Press, 2000: 1-12.

[9] Ioannis Konstas, Vassilios Stathopoulos, Joemon M Jose. On Social Networks and Collaborative Recommendation [EB/OL]. http://eprints.gla.ac.uk/5985/2/sigirfp468-konstas-ENLIGHTEN.pdf 2012-3-4.

[10] Canny J. Collaborative filtering with privacy via factor analysis [C]. Proceedings of the 25th Annual International ACM SIGIR Conference on Research and Development in Information Retrieval, ACM, 2002 (8): 238-245.

[11] Julita Piotrowiak Integration of Web Site Content and Databases for Product and Page Recommendation [EB/OL]. http:// centria.di.fct.unl.pt/~jmp/page6/page8/assets/MSC-JulitaPiotrowiak.pdf.

[12] Thomas Tran. Designing recommender systems for E-Commerce: An integration approach[C]. Proceedings of the Eighth International Conference on Electronic Commerce (ICEC-06), ACM Press, 2006(8): 512-518.

[13] What is Latent Semantic Indexing (LSI)? [EB/OL]. http://www.seo-blog.com/latent-semantic-indexing-lsi-explained.php 2012-3-10.

[14] 李凤慧. 面向电子商务的 Web 数据挖掘的研究[D]. 山东科技大学, 2001.

[15] 陆楠, 周春光, 等. 基于 FP-tree 频集模式的 FP-Growth 算法对关联规则挖掘的影响[J]. 吉林大学学报(理学版), 2003, 41(2): 180-185.

[16] 许玲, 吴潇, 李晓东, 等. 互联网推荐系统比较研究[J]. 软件学报, 2009(2): 350-362.

[17] 张亮. 推荐系统中协同过滤算法若干问题的研究[D]. 北京邮电大学, 2009.

[18] 赵晨婷, 马春娥. 探索推荐引擎内部的秘密, 第 2 部分: 深入推荐引擎

相关算法-协同过滤［EB/OL］． http：//www. ibm. com/developerworks/cn/web/1103_zhaoct_recommstudy2/index. html？ ca＝drs-． 2011-8-10.

[19]赵晨婷，马春娥． 探索推荐引擎内部的秘密，第 1 部分：推荐引擎初探［EB/OL］． http：//www. ibm. com/developerworks/cn/web/1103_zhaoct_recommstudy1/index. html？ ca＝drs-#author2. 2011-7-10.

第9章　数据可视化的关键技术

挖掘算法实施后产生相应的规则和模式。这些结果中包括一般的统计数据，如每页的访问数、最频繁访问的页面、每页的平均浏览时间等，也包括其他的一些挖掘结果，如序列模式、关联规则、聚类等。为了理解Web挖掘的结果，用户不得不为此花费大量的精力；而且挖掘结果中潜在有用的模式的数量是非常大的，因此应用和评价这些结果是非常烦琐的。

信息可视化的优势在于人类视觉和感知能力与计算能力相结合，计算机从大量数据中抽取结构化的信息，用户使用他们的感知来理解这些结构。信息可视化将帮助用户认识可能是无法理解的信息的"模式和结构"。它将处理大量信息的负担由用户转移到计算机。它通过对信息结构的可视化描述，使用户更易理解文本的语义。这使用户和信息之间能够进行更多的交互。作为一种信息管理和处理的理论、技术和方法，在其他领域已经取得了巨大的成功，因此对于理解 Web 挖掘结果而言也是一个自然的选择。

一种理想的可视化方法应该具备 3 个基本的特性：区域维持(Region preservation)，表示的专一性(Specificity of representation)，以及特征平滑度(Feature smoothness)。

区域维持是指在数据空间中，同类数据区应该对应于显示空间的连续区域。具体来说，在数据空间内相邻的点应该映射到显示空间上时也应相邻。或者说，相似的数据点在显示空间应该是互相接近的。特别是在有连续值的数据空间，维持数据空间区域的映射将通过不聚集异质区域来维持数据空间结构。

如果映射到给定显示空间位置的空间数据集在数据空间中彼此之间是

"相邻"的，那么这个映射就是专一(specific)的。这个标准大致是区域维持(数据空间的邻近点相应地在显示空间里也是邻近点)的反面。专一的映射相对于不专一的映射而言有明显的优点，因为它不可能分离同质数据空间区域。

特征平滑度是映射的第三种应具备的特性。所谓特征平滑度是指数据空间特征(值分布，isolevels，元属性等)被可视化后应该在显示空间里光滑和易见的。

根据显示方式的不同，Keim 在 1997 年将现有的可视化技术分成 6 种类型。

①几何投影技术(Geometric Techniques)，该类技术适合对高维的、小规模数据集合进行可视化。常见的有散点图(Scatter plot)和平行坐标法(Parallel coordinates)等。

②基于图标的技术(Icon-based Techniques)，该类技术中包含形编码(Shape coding)、颜色图标(Color icons)、Chernoff 脸图(Chernoff faces)、树枝图(Stick figure)、星雕图(Star glyphs)等。

③面向像素的技术(Pixel-oriented Techniques)，该类技术针对应用目的进行像素的排列，如独立查询的面向像素技术在显示时采取空间填充方式；非独立查询的面向像素技术采用螺旋像素排列技术。

④层次技术(Hierarchical Techniques)，该类技术将 k-维空间再细分并将子空间用层次形式表示，如 n-Vision、多维重叠(Dimensional stacking)和树图(Treemap)。

⑤基于图的技术(Graph-based Techniques)，使用一定的布局算法、查询语言和抽象技术有效地表示大型的"图"结构。该类技术的例子有 Hy+、Margritte、SeeNet。

⑥混合技术(Hybrid Techniques)，在一个或多个窗口中，集成使用上述多种技术以增强可视化的表达效果。如 Starfield Displays 中集成了几何投影技术、基于图标的技术等。

由于 Web 挖掘结果主要是具有统计特征的属性值所组成的一些高维信息，因此，这里讨论可视化技术时主要针对高维信息。高维信息可视化技术大致可以包括降维、可视化隐喻、可视化显示、交互等。

9.1　降维方法

计算机处理信息可视化的能力大部分反映在使数据到可视化显示的转换算法上。根据最近的调查，用于信息可视化的映射技术主要有降维技术。所谓降维是指将原始高维空间的信息，或者说信息是处于一个高维空间中，通过映射或变换的方法，生成对应的低维空间(2 或 3 维)中的数据坐标的过程，有时也称特征提取。特征提取的基本任务是研究从众多特征中求出那些对研究目标最有效的特征，从而实现特征空间维数的压缩。

根据降维形式的不同，降维方法可分为线性降维方法，如主成分分析(PCA：Principal Component Analysis)、投影寻踪(PP：Projection Pursuit)，和非线性降维方法，如 LLE(Locally Linear Embedding)、ISOMAP(Isometric Map)、MDS(Multidimensional Scaling)等。

9.1.1　线性降维方法

9.1.1.1　PCA

主成分分析(也称主分量分析)，是霍特林(Hotelling)在 1933 年首先提出。它是模式识别判别分析中最常用的一种线性映射方法。这种方法是根据样本点在多维模式空间的位置分布，以样本点在空间中变化最大方向，即方差最大的方向，作为判别矢量。从概率统计观点可知，一个随机变量的方差越大，该随机变量所包含的信息越多；如当一个变量的方差为零时，该变量为一常数，不含任何信息。

所谓主成分就是原始数据的 p 个变量经线性组合(或映射)得到的变量，其方差为最大(第一主成分)主成分之间是相互线性无关的(正交的)从第一主成分往后，主成分按方差大小的顺序排列主成分中任取两个可构成判别平面，一般取方差大的主成分构成判别平面。

(1)基本原理

设对某一信息集合的研究涉及 p 个指标，分别记作 X_1, X_2, $\cdots$, X_p，这 p 个指标构成 p 维随机向量 $X = (X_1, X_2, \cdots, X_p)^T$。又设 X 的均值为 μ，协方差矩阵为 Σ。

对 X 进行线性变换，可以形成新的综合变量，用 Y 表示，它可以由原来的变量线性表示，即满足：

$$\begin{cases} Y_1 = u_{11}X_1 + u_{12}X_2 + \cdots + u_{1p}X_p \\ Y_2 = u_{21}X_1 + u_{22}X_2 + \cdots + u_{2p}X_p \\ \qquad\qquad\cdots\cdots \\ Y_p = u_{p1}X_1 + u_{p2}X_2 + \cdots + u_{pp}X_p \end{cases}$$

因为可以对原始变量进行任意线性变换，而不同的线性变换得到的综合变量 Y 的统计特征也不相同。因此，为了得到比较满意的结果，一般总是希望 $Y_i = u_i{}^T X$ 的方差尽可能大且各个 Y_i 之间互相独立。因为有

$$\mathrm{var}(Y_i) = \mathrm{var}(u_i{}^T X) = u_i{}^T \Sigma u_i$$

对任一给定的常数 c，有

$$\mathrm{var}(cu_i{}^T X) = cu_i{}^T \Sigma u_i c = c^2 u_i{}^T \Sigma u_i$$

当对 u_i 不给予限制时，可能会使得 $\mathrm{var}(Y_i)$ 任意增大，这样一来问题将失去研究的意义。所以一般对线性变换会给予以下一些约束：

①$u_i{}^T u_i = 1$，即 $u_{i1}{}^2 + u_{i2}{}^2 + \cdots + u_{ip}{}^2 = 1$（$i = 1$，2，$\cdots$，$p$）；

②Y_i 与 Y_j 线性无关（$i \neq j$；i，$j = 1$，2，$\cdots$，p）；

③Y_1 是（X_1，X_2，$\cdots$，X_p）的全部满足约束 1 的线性组合中方差最大者；Y_2 是与 Y_1 不相关的（X_1，X_2，$\cdots$，X_p）的全部线性组合中方差最大者；Y_p 是与（Y_1，Y_2，$\cdots$，Y_{p-1}）都不相关的（X_1，X_2，$\cdots$，X_p）的全部线性组合中方差最大者。

在这样的约束下产生的综合变量 Y_1，Y_2，$\cdots$，Y_p 分别称为原始变量的第 1，第 2，$\cdots$，第 p 个主成分。其中，各综合变量在总方差中占的比重依次递减，在实际研究中，通常只挑选前几个方差最大的主成分，从而形成对系统结构的简化，实现抓住问题本质的目的。

在实际工作中，主成分分析法有两个需要解决的问题：其一是随机变量 x 的协方差矩阵或相关系数矩阵通常是未知的，需要借助于随机抽样的途径，对它们做出极大似然估计；其二是随机变量 x 的各个分量是不同的自然科学量或社会科学量，需要通过标准化变换的方法，以解决不可公设的问题。

（2）主成分分析法的算法

步骤 1　采集 p 维随机向量 $x = (x_1, x_2, \cdots, x_p)^T$ 的 n 个样本 $x_i = (x_{i1}, x_{i2}, \cdots, x_{ip})^T$，$i = 1$，2，$\cdots$，$n$，$n > p$，构造样本矩阵：

$$X = \begin{bmatrix} x_{11} & x_{12} & \cdots & x_{1p} \\ x_{21} & x_{22} & \cdots & x_{2p} \\ \vdots & \vdots & & \vdots \\ x_{n1} & x_{n2} & \cdots & x_{np} \end{bmatrix}$$

步骤 2　对样本矩阵 X 中元进行如下变换：

$$y_{ij} = \begin{cases} x_{ij}, & \text{对正指标} \\ -x_{ij}, & \text{对逆指标} \end{cases} \qquad Y = [y_{ij}]_{n \times p}$$

步骤 3　对 Y 矩阵中元进行如下标准化变换：

$$z_{ij} = \frac{(y_{ij} - \overline{y_j})}{s_j}, \ i = 1, 2, \cdots, n; j = 1, 2, \cdots, p$$

其中，$\overline{y_j} = \dfrac{\sum\limits_{i=1}^{n} y_{ij}}{n}$，$s_j^2 = \dfrac{\sum\limits_{i=1}^{n} (y_{ij} - \overline{y_j})^2}{n - 1}$ 得到标准化矩阵

$$Z = \begin{bmatrix} z_1^T \\ z_2^T \\ \vdots \\ z_n^T \end{bmatrix} = \begin{bmatrix} z_{11} & z_{12} & \cdots & z_{1p} \\ z_{21} & z_{22} & \cdots & z_{2p} \\ \cdots & \cdots & \cdots & \cdots \\ z_{n1} & z_{n2} & \cdots & z_{np} \end{bmatrix}$$

步骤 4　对标准化阵 Z 求样本相关系数阵。

$$R = [r_{ij}]_{p \times p} = \frac{Z^T Z}{n - 1}$$

其中，$r_{ij} = \dfrac{\sum\limits_{k=1}^{n} z_{ki} * z_{kj}}{n - 1}$，$i, j = 1, 2, \cdots, p$。

步骤 5　解样本相关系数阵 R 的特征方程。

$|R - \lambda I_p| = 0$ 得 p 个特征值 $\lambda_1 \geqslant \lambda_2 \geqslant \cdots \geqslant \lambda_p \geqslant 0$。

步骤 6　为了既能使损失信息不太多，又要达到减少变量、简化问题的目的，通常以所取 m 使得累积贡献率达到 85% 以上为宜。即

$$\frac{\sum\limits_{j=1}^{m} \lambda_j}{\sum\limits_{j=1}^{p} \lambda_j} \geqslant 85\%$$

对每个 λ_j，$j = 1, 2, \cdots, m$ 解方程组 $Rb = \lambda_j b$，得到单位特征向量 b_j^0。

步骤7　求出 $z_i = (z_{i1}, z_{i2}, \cdots, z_{ip})^T$, $i = 1, 2, \cdots, n$ 的 m 个主成分分量

$$u_{ij} = z_i^T b_j^0, \; j = 1, 2, \cdots, m$$

得主成分决策矩阵

$$U = \begin{bmatrix} u_1^T \\ u_2^T \\ \vdots \\ u_n^T \end{bmatrix} = \begin{bmatrix} u_{11} & u_{12} & \cdots & u_{1m} \\ u_{21} & u_{22} & \cdots & u_{2m} \\ \cdots & \cdots & \cdots & \cdots \\ u_{n1} & u_{n2} & \cdots & u_{nm} \end{bmatrix}$$

其中 u_i 是第 i 个样本的主成分向量，$i = 1, 2, \cdots, n$，它的第 j 个分量 u_{ij} 是向量 z_i 在单位特征向量 b_j^0 上的投影，$j = 1, 2, \cdots, m$。

步骤8　选择适当的主成分价值函数模型，进一步将 m 维系统降成 3 维、2 维或 1 维系统。

对于信息可视化来说，假如我们在 2 维空间布局坐标，则只能选取前两个主成分，根据样本的标准化后的原始值和前两个主成分特征向量计算出每个样本的前两个主成分值，作为 2 维坐标绘制的平面上。这是 PCA 用于高维信息可视化的缺点。由于信息可视化要求绘制结果坐标，因此，只能使用 2 维或 3 维空间。PCA 得到的主成分可能多于 3 个，这样一来在 3 维空间就不能进行表达。不得不去除若干个成分，使得表现结果与信息单元间的真正关系产生较大误差。为解决这些问题 PCA 有多种扩展方法，主要有：ICA、主曲线和表面（Principal Curves and Surfaces）、自编码神经网络（Auto-encoder Neural Networks）、线性混合模型（Mixtures of Linear Models）、Auto-associative networks、generalized PCA、Kernel PCA 等。

9.1.2　投影寻踪(PP：Projection Pursuit)

投影寻踪（Projection Pursuit，简称 PP）是国际统计界于 20 世纪 70 年代中期发展起来的一种新的统计方法，是统计学、应用数学和计算机技术的交叉学科。它是用来分析和处理高维观测数据，尤其是非正态非线性高维数据的一种新兴统计方法。它通过把高维数据投影到低维子空间上，寻找出能反映原高维数据的结构或特征的投影，可视性较好，能达到研究分析高维数据的目的。它具有稳健性、抗干扰性和准确度高等优点，因而在许多领域得到广泛应用。其基本思想是：把高维数据通过某种组合，投影到

低维(1~3 维)子空间上，并通过极小化(或极大化)某个投影指标，寻找出能反映原高维数据结构或特征的投影，在低维空间上对数据结构进行分析，以达到研究和分析高维数据的目的。

PP 方法的特点主要有：①PP 方法能成功地克服高维数据的"维数灾难"所带来的严重困难；②PP 方法可以排除与数据结构和特征无关的，或关系很小的变量的干扰；③PP 方法为使用低维统计方法解决高维问题开辟了途径；④PP 方法与其他非参数方法一样也可以用来解决某种非线性问题。

(1)投影寻踪原理

假设一个记录有 m 个变量的实例集。每个实例可看成 m 维空间的一个点。除非 m 小于或等于 3，否则直接观察这些点是不可能的。然而，m 维点集映射到一个 2 维或 3 维空间是可能的。为了便于讨论，这里映射仅限于 2 维空间。为了理解"映射"的概念，可通过可视化的手段，如图 9-1 和图 9-2 所示。在两幅图中，一个矩形"银幕"显示在一个 3 维数据集的上方或右边。想象在数据点的另一边有一个非常亮的光线，在银幕上投下的数据点的影子就是映射(Projection)，在图中用虚线连接数据点和它们映射的影像。

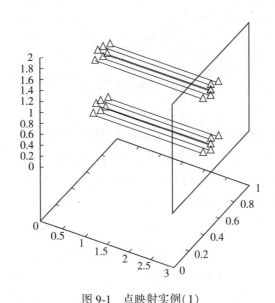

图 9-1　点映射实例(1)

(2)投影寻踪实现方法

在图 9-1，数据点映射到右边的平面。这里映射影像显示了两个不同的点聚类。在图 9-2，同样的数据点映射到上方的平面。这里映射影像显示点的单个聚类。很明显，在这个实例中映射是从 3 维 R^3 到 2 维 R^2，当映射是从 $R^m(m > 3)$ 到 R^2 时，类似(有时更复杂)的现象将出现。

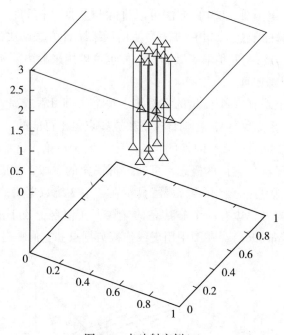

图 9-2 点映射实例(2)

上述实例表明相同数据集的不同映射能揭示数据结构的不同方面。实际上有一些映射不能正确揭示数据集的结构，因此就应该从可能的映射中选择能揭示其结构的映射。投影寻踪与解决这类问题有关。

为了了解投影寻踪如何工作，首先要注意从 R^m 到 R^2 的映射是线性的。如果 $X = \{x_{ij}\}$ 是一个矩阵，于是可以将 R^m 到 R^2 的总体映射写成 $(z_1, z_2) = (Xa^T, Xb^T)$，这里 a 和 b 是用于线性转换的 m 维行向量，且 z_1 和 z_2 是表示映射银幕上的点的 n 维列向量。现在选择映射只是选择 a 和 b 的事了。

接下来的问题是决定希望发现哪些类型的特征。当决定后，试图度量 (z_1, z_2) 中此特征的表示程度，称这一度量(measure)为 $I(z_1, z_2)$，有时也叫索引函数(index function)。例如，假设想发现聚类，在 2 维数据中，常用的聚类测试统计数据是平均最近邻距离 MNND(Mean Nearest Neighbour

Distance)。这个值越小表示聚类越好。因此，这里 $I(z_1, z_2)$ 是数据集 (z_1, z_2) 的MNND值。注意，由于 $(z_1, z_2) = (Xa^T, Xb^T)$，所以表达式 $I(z_1, z_2)$ 能写成 $I(Xa^T, Xb^T)$ 的形式。这一映射选择问题可看成必须选择 a 和 b 而使 I 值最小的优化问题。实质上，这是投影寻踪的过程。这里还有一些问题需要考虑。很明显，最近邻距离索引是标度依赖的(scale dependent)。如果 a 和 b 分别乘以一常数，那么 MNND 也将与这一因子相乘，因此人们可以选择一个合适的常数而使 I 像他们想象的那么小。这一问题通过增加使 z_1 和 z_2 标准化这一约束条件而得到解决。即：z_1 和 z_2 的期望为 0，方差为 1。另外，增加 z_1 和 z_2 是不相关的这一约束条件也是很有用的，这能确保在这个 2 维图中得到最多的信息。如果这两个变量是相关的，它们共享一些 1 维特征模式而不是每一个代表不同的模式。

因此，投影寻踪相当于一个约束最优问题。困难在于给定的是 z_1，z_2 的约束条件而不是 a，b 的约束条件。然而，假设 X 的每一个变量是以平均值为中心且接着转换成它的主成分(principal components)，且这个主成分是标准化的，因此它的方差为 1。Q 是 X 线性转换后的矩阵，即 $Q = XP$，其中 P 是一个 $m \times m$ 矩阵，因此 Q 的一个线性映射也是 X 的一个线性映射。因此，索引函数 $I(z_1, z_2) = I(Qc^T, Qd^T)$，这里列向量 c 和 d 采用了与 a 和 b 相同的形式。实际上，$Pc^T = a^T$ 和 $Pd^T = b^T$。重新表达问题的优势在于这样一个事实：如果 $c^Tc = 1$，$d^Td = 1$ 和 $c^Td = 0$，那么 z_1 和 z_2 将不相关。因此，如果约束条件施加于 c 和 d，那么 z_1 和 z_2 也自动满足了上面提出的约束条件。投影寻踪的问题可表述为：

求 $I(Qc^T, Qd^T)$ 的最小值，且满足 $c^Tc = 1$，$d^Td = 1$ 和 $c^Td = 0$

这是约束优化问题的标准形式。在计算方面，主要是索引函数 I 的计算。如图 9-3 显示了人口普查数据最小化的 MNND 映射。图中没有明显的聚类存在，可能说明这些数据不是双模态的，然而一些特征是非常清楚的，尤其是图中的"马刺"状。

得到一个最佳的映射后，容易解释它也是很重要的。由于映射是线性的，因此解释也完全是直接的。列向量 c 和 d 已经优化了，反过来可以得到 a 和 b。如果这些向量的第 j 个元素是 a_j 和 b_j，那么在第 j 个原始变量的那个单元变化会引起映射空间中点 (a_j, b_j) 的变化。因为这个映射是线性的，所以这个表达式是独立于其他变量值的。也由于线性，第 j 个变量的总数 k 的变化导致映射空间中点 (ka_j, kb_j) 的变化。基于这一事实，当某个起始变量

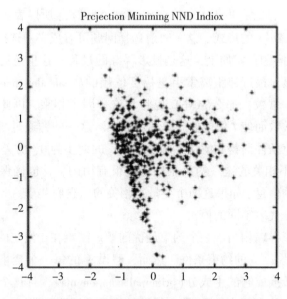

图 9-3　人口普查数据最小化的 MNND 映射

以某一标准差变化时，可以在映射空间中用一给定的点来图示这个变化的向量。如图 9-4 给出了图 9-3 映射空间中显示的"马刺"是由于哪些变量引起的。

9.1.3　非线性降维方法

9.1.3.1　自组织映射(Self-organizing map，SOM)

自组织映射 SOM 是由芬兰教授 Kohonen T 首先提出的一种无导师自组织和自学习网络。它将一个高维输入数据集映射到 2 维网格上的节点，且尽可能保持原有数据的关系。当它们对输入数据的反应是相似时，它就将节点集中到同一区域。它产生一个有序地图用于显示高维统计数据和它们之间的关系。SOM 采用神经元的有序结构。每个神经元表示一个 n 维列向量 $w = (w_1, w_2, \cdots, w_n)^T$，其中 n 依赖于初始空间维度(即输入向量维度)。使用 1 维和 2 维网格的原因是高维空间结构引起数据显示问题。神经元通常在矩形或六边形细胞状的 2 维网格的节点上。神经元之间也相互作用，映射格子上神经元之间的距离决定了这个交互的程度。图 9-5 显示矩形或六边形

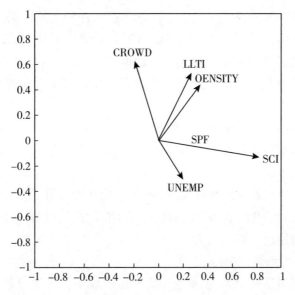

图 9-4　人口普查数据的最小 MNND 映射—解释图

网格的距离。格子中神经元的数目决定了算法结果的映像度。最终控制了产生映射的精度。

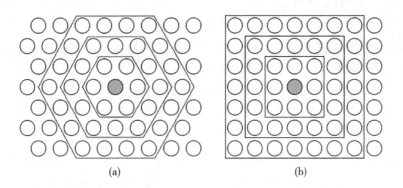

图 9-5　映射格子上神经元之间的距离，（a）为六边形网格，（b）为矩形网格

（1）SOM 算法

SOM 的一般算法归纳如下：

步骤 1：初始化 SOM 网络。

预设网格配置(矩形或六边形)和网格上神经元的数目。初始化初始邻域，邻域是指以获胜神经元为中心，包含若干神经元的区域范围。可设置一个较大的初始邻域。当映射节点数量超过训练样品模式时，算法的成功应用完全信赖于初始邻域的选择。然而如果映射包含成千上万神经元时，训练系统要花很长时间。因此，应当选择一个合理的初始邻域(即节点数量)。

训练映射前，初始化神经元的加权系数是必要的。由于选择好的初始化方法，能够在很大程度上增加学习率，因此带来更好的结果。这里权重初始化有三种方法。

①用随机值初始化。所有权重被分配一个小的随机值。

②用模式初始化。置初始值为训练样本中随机选择的一个模式。

③线性初始化。

步骤2：得到最佳匹配。

学习过程包括表示神经元的向量的连续校正。在学习过程的每一步，从起始数据集中选择随机向量，然后确认神经元系数向量的最佳匹配。选择与输入向量最相似的胜者(winner)。这里，"相似性"是指两个被测量向量之间的欧氏距离。因此用 w_c 表示胜者(winner)，可得：$\|x - w_c\| = \min_i \{\|x - w_i\|\}$。

步骤3：修正神经元向量。

当发现获胜的神经元后要不断修正神经网络权重。通过面向目前的输入修正它们的参考向量，以使获胜单元和它的邻居更好地表示输入向量。通常使用下面的表示式来修正权重系数：

$$w_i(t+1) = w_i(t) + h(t) * [x(t) - w(t)]$$

其中，t 是学习迭代次数。从 t 中随机选择一个样本而得到向量 $x(t)$。函数 $h(t)$ 称为邻居函数，它表示网格上获胜神经元和它的邻居之间的一个时间和距离的非增函数。这个函数包含两个部分：专有距离函数(the distance function proper)和学习率的时间函数(the learning rate function of time)。$h(t) = h(\|r_c - r_i\|, t) * a(t)$ 其中 r 决定网格上神经元的位置。

通常使用两个距离函数中的任一个，简单的常函数 $h(d, t) = \begin{cases} const, & d \leq \sigma(t) \\ 0, & d > \sigma(t) \end{cases}$ 或者高斯函数 $h(d, t) = e^{-\frac{d^2}{2\sigma^2(t)}}$，距离的高斯函数通常能提供更好的结果。这里 $\sigma(t)$ 是一个递减的时间函数。这个值通常称为邻居

的半径。在学习过程的开始，它是非常大的，但在学习过程中它逐渐减小。到最后，训练单个获胜的神经元。通常使用线性递减的时间函数。

学习率函数 $a(t)$ 也是一个递减的时间函数。这个函数的最常使用的变种 $a(t) = \dfrac{A}{t+B}$ 是线性的且与时间成反比例，其中 A 和 B 是常数。使用这个函数有助于从训练样本的所有向量得到训练的结果。学习过程中有两个主要阶段。在开始，学习率和邻居半径是非常大的，这允许根据样本的模式分布来将神经元向量排序。接着用比初始化时小得多的学习率参数来精确地调整权重。

步骤4：评价映射结果质量。

评价映射结果质量的一种方法是用 $E\{\parallel x - m_c(x) \parallel\}$ 计算输入样本的平均量化误差(average quantization error)，其中 c 表示 x 的最佳匹配单元。训练之后，为每一个输入样本向量寻找网格中的最佳匹配单元，返回各个量化误差的平均值。

9.1.3.2 MDS 及改进

MDS(multidimensional scaling)是数据分析技术的集合，被广泛地应用于行为科学、经济计量、社会科学中。MDS 起源于心理计量学，目的旨在帮助判断一个对象集合中成员的相似性。1952 年，塔格森(Torgerson)首次提出了 MDS 方法，即古典 MDS(classical MDS)。后来，又有专家对成本函数和优化算法进行改进而提出了新的 MDS 方法。如：谢帕德(Shepard)于 1962 年提出的非度量 MDS，Carroll 和 Chang 于 1970 年提出的个体差异标度法 INDSCAL(individual difference scaling)等。

(1)MDS 的基本原理

MDS 不仅在这个空间上忠实地表达数据之间的联系，而且还要降低数据集的维数，以便人们对数据集的观察。这种方法实质是一种加入矩阵转换的统计模式，它将多维信息通过矩阵运算转换到低维空间中，并保持原始信息之间的相互关系。

每个对象或事件在多维空间上都可以通过一个点表示。在这个空间上点与点之间的距离和对象与对象之间的相似性密切相关，即两个相似的对象通过空间临近的两个点来表示，且两个不相似的对象通过相距很远的两个点来表示。这个空间通常是一个 2 维或 3 维欧氏空间，但也可能是高维的非欧空间。根据是定性的还是定量的，MDS 可分为度量 MDS(metric MDS) 和非度量 MDS(nonmetric MDS)。

度量 MDS 方法的关键思想是，将原先空间中的数据项采用投影的方法映射到欧氏空间中，再在欧氏空间内用符合点布局的点距来近似表示原先空间中这些数据项之间的距离。比如：如果每个项目 X_K 先用一个 2 维的数据向量 X'_K 来表示再投影到欧氏空间中，此时投射的目标是优化这个表示以至于此 2 维欧氏空间各项目之间的距离将尽可能接近那些原先距离。如果用 $d(k, l)$ 表示点 X_K 与 X_L 之间距离，用 $d'(k, l)$ 表示点 X'_K 与 X'_L 之间距离，则度量 MDS 试图用 $d'(k, l)$ 来近似地表示 $d(k, l)$。如果误差用 $[d(k, l) - d'(k, l)]^2$ 来表示，则取最小值的目标函数可写成：

$$E_M = \sum_{k \neq l} [d(k, l) - d'(k, l)]^2$$

欧氏距离的完美映射不一定总是最佳的目标，特别是当数据向量的组成部分按距离的大小顺序加以表示时。没有距离的精确值，只有数据向量之间距离排序。此时映射应该努力使 2 维输出空间距离的排名与原始空间距离排名相匹配。通过引入一个单调递增函数 f 来保证映射后的距离排名与原来的距离排名一致，非度量 MDS 就采用了如下这样一个误差函数：

$$E_N = \frac{1}{\sum_{k \neq l} [d'(k, l)]^2} \sum_{k \neq l} [f(d(k, l)) - d'(k, l)]^2$$

对映射点 X'_K 的任何给定的结构，总能选择适当的函数 f 使 E_N 最小。由于处理顺序排列数据的需要，而常采用非度量 MDS。通过选择适当的点和函数能使 E_M、E_N 取得最小值，这样在信息损失最小的情况下，降低了原始数据空间的维数。

Sammon 映射是 MDS 方法中最广泛使用的一种，非常接近度量 MDS，它也试图优化如何更好地保持数据集中的对点距离的成本函数。Sammon 映射的成本函数是：

$$E_S = \sum_{k \neq l} \frac{[d(k, l) - d'(k, l)]^2}{d(k, l)}$$

(2) MDS 实现方法

定义 4-1 距离阵 一个 $n \times n$ 矩阵 $D = (d_{ij})$，若满足 $D^T = D$，$d_{ii} = 0$，$d_{ij} \geq 0 (i, j = 1, \cdots, n; i \neq j)$，则称 D 为距离阵。

定义 4-2 拟合构造点 对于距离阵 $D = (d_{ij})$，MDS 的目的是要获得一

个 k 和 R^k 中的 n 个点 x_1，x_2，$\cdots$，x_n，当用 $\hat{d}_{ij}$ 表示 x_i 与 x_j 的欧式距离时，$\hat{D} = (\hat{d}_{ij})$，使得 $\hat{D}$ 与 D 在某种意义下接近。在实际中，常取 $k=1$，2，3。令 $X=(x_1$，x_2，$\cdots$，$x_n)$，为了叙述的简单起见，称 X 为 D 的拟合构造点。当 $\hat{D}=D$ 时，称 X 为 D 的构造点。

必须申明的是，MDS 的解不是唯一的。若 X 是解，令

$$y_i = \Gamma x_i + a$$

式中，Γ 为正交矩阵；a 为常数向量，则由此结果形成的一组结果 $Y=(y_1$，y_2，$\cdots$，$y_n)$ 也是解，这时候因为平移和正交变换不改变欧式距离。

（3）度量 MDS 的计算方法

①由距离阵 D 构造矩阵 A；

$$A = (a_{ij}) = -(d_{ij}^2)/2$$

②由矩阵 A 构造矩阵 B；

$$B = HAH，\quad 其中 H = I_n - \frac{1}{n}1_n 1_n^T$$

③将 B 作特征分解，设 $B = P\Lambda P^T$，其中 P 为 $n \times n$ 正交矩阵，$\Lambda = diag(\lambda_1$，λ_2，$\cdots$，$\lambda_n)$，其中 $\lambda_1 \geq \lambda_2 \geq \cdots \geq \lambda_n$ 为 B 的特征值。

④如果 $\lambda_r < 0$，则在 r 维欧氏空间中，度量 MDS 没有解。如果 $\lambda_r \geq 0$，则令 $\Lambda_r = diag(\lambda_1$，$\lambda_2$，$\cdots$，$\lambda_r)$，$P_r$ 为 P 的前 r 列构成的 $(n \times r)$ 矩阵，令

$$\underset{n \times r}{X} = P_r \Lambda_r^{\frac{1}{2}}$$

将 X 的每一行看成 r 维欧氏空间中的点，X 即为度量 MDS 的解。

下面给出一个具体问题的 MDS 求解过程。

例如：设有距离阵如下：

$$D = \begin{vmatrix} 0 & 1 & \sqrt{3} & 2 & \sqrt{3} & 1 & 1 \\ & 0 & 1 & \sqrt{3} & 2 & \sqrt{3} & 1 \\ & & 0 & 1 & \sqrt{3} & 2 & 1 \\ & & & 0 & 1 & \sqrt{3} & 1 \\ & & & & 0 & 1 & 1 \\ & & & & & 0 & 1 \\ & & & & & & 0 \end{vmatrix}$$

由 $a_{ij} = -\frac{1}{2}d^2_{ij}$，求得 A 如下：

$$\left|\begin{array}{ccccccc|c} 0 & -1/2 & -3/2 & -2 & -3/2 & -1/2 & -1/2 & -13/14 \\ & 0 & -1/2 & -3/2 & -2 & -3/2 & -1/2 & -13/14 \\ & & 0 & -1/2 & -3/2 & -2 & -1/2 & -13/14 \\ & & & 0 & -1/2 & -3/2 & -1/2 & -13/14 \\ & & & & 0 & -1/2 & -1/2 & -13/14 \\ & & & & & 0 & -1/2 & -13/14 \\ & & & & & & 0 & -3/7 \end{array}\right|$$

$$-\frac{13}{14} \quad -\frac{13}{14} \quad -\frac{13}{14} \quad -\frac{13}{14} \quad -\frac{13}{14} \quad -\frac{13}{14} \quad -\frac{3}{7} \qquad -6/7$$

由此可以得到

$$B = \frac{1}{2}\left|\begin{array}{ccccccc} 2 & 1 & -1 & -2 & -1 & 1 & 0 \\ 1 & 2 & 1 & -1 & -2 & -1 & 0 \\ -1 & 1 & 2 & 1 & -1 & -2 & 0 \\ -2 & -1 & 1 & 2 & 1 & -1 & 0 \\ -1 & -2 & -1 & 1 & 2 & 1 & 0 \\ 1 & -1 & -2 & -1 & 1 & 2 & 0 \\ 0 & 0 & 0 & 0 & 0 & 0 & 0 \end{array}\right|$$

容易看出

$b_{(3)} = b_{(2)} - b_{(1)}$，$b_{(4)} = -b_{(1)}$，$b_{(5)} = -b_{(2)}$，$b_{(6)} = b_{(1)} - b_{(2)}$，$b_{(7)} = 0$，$b_{(1)}$ 与 $b_{(2)}$ 不相关

故 B 的秩为 2。B 的特征值容易求得

$$\lambda_1 = \lambda_2 = 3, \text{ 而 } \lambda_3 = \lambda_4 = \lambda_5 = \lambda_6 = \lambda_7 = 0。$$

在对于 $\lambda_1 = \lambda_2$ 的 2 维特征子空间中取一对正交的特征向量：

$x_{(1)} = (a,\ a,\ 0,\ -a,\ -a,\ 0,\ 0)^T$

$x_{(2)} = (b,\ -b,\ -2b,\ -b,\ b,\ 2b,\ 0)^T$ 　　其中 $a = \sqrt{3}/2,\ b = 1/2$。

于是可以得到 7 个 2 维空间点的坐标：

$(\sqrt{3}/2,\ 1/2)$，$(\sqrt{3}/2,\ -1/2)$，$(0,\ -1)$，$(-\sqrt{3}/2,\ -1/2)$，$(-\sqrt{3}/2,\ 1/2)$，$(0,\ 1)$，$(0,\ 0)$。

这就是所要求的距离阵 D 的经典解。

（4）非度量 MDS 的计算方法

经典解是基于主成分分析的思想，这时 $d_{ij} = \hat{d}_{ij} + e_{ij}$，$\hat{d}_{ij}$ 是拟合于 d_{ij} 的

值，e_{ij} 是误差。但有时，d_{ij} 与 $\hat{d}_{ij}$ 之间的拟合关系可以放松为

$$d_{ij} = f(\hat{d}_{ij} + e_{ij})$$

式中 f 是一个求知的单调增加函数。这时，用于构造 $\hat{d}_{ij}$ 的唯一信息就是利用 $\{d_{ij}\}$ 秩，将 $\{d_{ij},\ i<j\}$ 从小到大地排为

$$d_{i_1j_1} \leqslant d_{i_2j_2} \leqslant \cdots \leqslant d_{i_mj_m}, \ m = \frac{1}{2}n(n-1)$$

(i, j) 所对应的 d_{ij} 在上面的排列中的名次（由小到大）称为 (i, j) 或 d_{ij} 的秩。欲寻找一个拟合构造点，使后者相互之间的距离也有如上的次序：

$$\hat{d}_{i_1j_1} \leqslant \hat{d}_{i_2j_2} \leqslant \cdots \leqslant \hat{d}_{i_mj_m}$$

并记为：$\hat{d}_{ij} \overset{单调}{\sim} d_{ij}$

　　这种模型多数出现在相似系数矩阵的场合，因为相似系数强调的是物品之间的相似，而不是它们的距离。

　　求解此模型有一些方法，其中 Shepard-Kruskal 算法就是一种有效的方法，它的步骤如下：

　　①已知一个相似系数矩阵 $D = (d_{ij})$，并将其非对角元素从小到大排列；

$$d_{i_1j_1} \leqslant d_{i_2j_2} \leqslant \cdots \leqslant d_{i_mj_m}, \ m = \frac{1}{2}n(n-1), \ i_l < j_l, \ l = 1, 2, \cdots, m$$

　　②设 $\hat{X}(n \times k)$ 是 k 维拟合构造点，相应的距离阵 $\hat{D} = (\|\ \hat{d}_{ij})$，

令 $S^2(\hat{X}) = \min \sum_{i<j} (d_{ij}^* - \hat{d}_{ij})^2 \bigg/ \sum_{i<j} \hat{d}_{ij}^2$ 极小是对一切 $\{d_{ij}^*\}$ $(d_{ij}^* \overset{单调}{\sim} d_{ij})$ 进行的，使此式达到极小的 $\{d_{ij}^*\}$ 称为 $\{\hat{d}_{ij}\}$ 对 $\{d_{ij}\}$ 的最小二乘单调回归。

　　如果 $\hat{d}_{ij} \overset{单调}{\sim} d_{ij}$ 在式 $S^2(\hat{X}) = \min \sum_{i<j} (d_{ij}^* - \hat{d}_{ij})^2 \bigg/ \sum_{i<j} \hat{d}_{ij}^2$ 中，取 $d_{ij}^* = \hat{d}_{ij}$，$(i < j)$，这时，$S^2(\hat{X}) = 0$，$\hat{X}$ 是 D 的构造点。

　　③若 k 固定，且能存在一个 $\hat{X}_0$，使得

$$S(\hat{X}_0) = \min_{\hat{X}:\ n \times k} S(\hat{X}) \equiv S_k,$$

则称 $\hat{X}_0$ 为 k 维最佳拟合构造点。

　　④由于 S_k 是 k 的单调下降序列，取 k，使 S_k 适当的小。例如：$S_k \leqslant 5\%$ 最好，$5\% < S_k \leqslant 10\%$ 次之，$S_k > 10\%$ 较差。

9.1.3.3　Isomap 方法

Isomap 方法是建立在经典 MDS 基础上，结合 PCA 和 MDS 主要的算法特征，且试图保护数据的本质几何特征，就像在大地测量流形中获得所有对取值点之间的距离那样。假设仅有输入空间的距离，问题的难点是估计在遥远的两点之间的大地测量距离。对相邻的点来说，大地测量距离可由输入空间的距离近似地表示。对遥远的点来说，大地测量距离可以近似地通过相邻的点之间的一连串的"短跳"相加来表示。用边连接相邻的取值点而组成一张图，在这张图中找到最短路径，从而高效地计算出这些近似值。

Isomap 方法实现主要有 3 个步骤。第一步构建邻居图 G(见图 9-6)，即在输入空间 X 基于一对点 i，j 之间距离的流形 M，确定哪些点是邻居。有两种简单方法来确定，其一是在某一固定的半径 ε 范围内用一点联结其他所有点，其二是某一固定的半径 ε 范围内用一点联结它的所有的 K 最近邻点。这些邻居关系表示成数据点上的一张加权图 G，用 $d_X(i, j)$ 表示相邻的点之间边的权重，如图 9-7 所示。

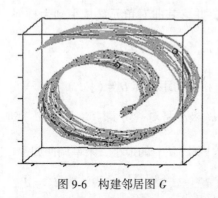

图 9-6　构建邻居图 G　　　　　　　　图 9-7　2 维嵌入

第二步是计算最短路径，即 Isomap 通过计算图 G 中它们的最短路径距离 $d_G(i, j)$ 来估算出流形 M 上所有对点之间的大地测量距离 $d_M(i, j)$。发现最短路径的一简单算法如下：

$$开始：d_G(i, j) = \begin{cases} d_X(i, j)，当 i，j 相连时， \\ \infty，当 i，j 不相连时。 \end{cases}$$

然后，对 $K(=1, 2, \cdots, N)$ 的每个值，用 $\min\{d_G(i, j), d_G(i, k) + d_G(k, j)\}$ 来替代所有输入 $d_G(i, j)$。最终值 $D_G = \{d_G(i, j)\}$ 的矩阵包含图

G 所有对点之间的最短距离。

第三步是构建 d 维嵌入，即将 CMDS(classical MDS)方法应用于图距矩阵 $D_G = \{d_G(i, j)\}$，在 d 维欧几里得空间 Y 里，此空间 Y 能最大限度地保持流形的估计的本质几何特征，建造这些数据的一个嵌入，如图 9-7 所示。

在 Y 的坐标向量 y_i 中选择点来使误差函数 E 减到最小

$$E = \| \tau(D_G) - \tau(D_Y) \|_{L^2}$$

其中 D_Y 表示欧几里得距离 $\{d_Y(i, j) = \| y_i - y_j \|\}$ 的矩阵，$\| A \|_{L^2}$ 表示 L^2 阵模 $\sqrt{\sum_{i, j} A_{i, j}^2}$，$\tau$ 运算符将距离转化成内积，在形式上，保持了效率最优化的数据的几何特性。通过设置矩阵 $\tau(D_G)$ 的 d 维单位向量的坐标 y_i 而得到误差函数 E 的全局最小值。

9.1.3.4　LLE(locally linear embedding)方法

LLE 方法可以归结为 3 步骤：①寻找每个样本点的 k 个近邻点；②由每个样本点的近邻点计算出该样本点的局部重建权值矩阵；③由该样本点的局部重建权值矩阵和其近邻点计算出该样本点的输出值。具体的算法流程如图 9-8 所示。

算法的第一步是计算出每个样本点 $\vec{X}_i$ 的 k 个近邻点。把相对于所求样本点距离最近的 k 个样本点规定为所求样本点的 k 个近邻点。k 是一个预先给定值。距离的计算既可采用欧氏距离也可采用 Dijkstra 距离。Dijkstra 距离是一种测地距离，它能够保持样本点之间的曲面特性。

LLE 算法的第二步是计算出样本点的局部重建权值矩阵。这里定义一个成本函数(cost function)，如下式所示，来测量重建误差：

$$\varepsilon(W) = \sum_i \left| \vec{X}_i - \sum_j W_{ij} \vec{X}_j \right|^2$$

即全部样本点和它们的重建之间的距离平方和。W_{ij} 表示第 j 个数据点到第 i 个重建点之间的权重。为了计算权重 W_{ij}，我们设置两限制条件而使成本函数取最小值：首先，那每个数据点 $\vec{X}_i$ 仅从它的邻居那里被重建，如果 $\vec{X}_j$ 不属于 $\vec{X}_i$ 的邻居的集合，则 $W_{ij} = 0$；其次，矩阵中每行的权重和为 1：$\sum_j W_{ij} = 1$。

为了使重建误差最小化，权重 W_{ij} 服从一种重要的对称性，即对所有特定数据点来说，它们和它们邻居点之间经过旋转、重排、转换等变换后，

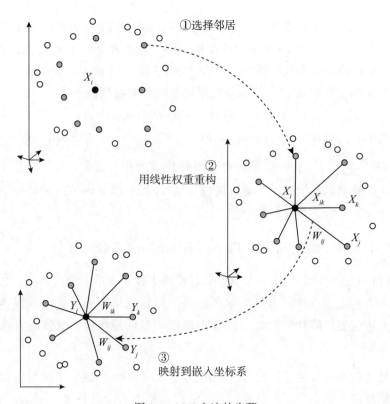

图 9-8　LLE 方法的步骤

它们之间的对称性是不变的。通过对称性，由此可见重建权重能够描述每个邻居本质的几何特性。因此可以认为原始数据空间内的局部几何特征同在流形局部块上的几何特征是完全等效的。

　　LLE 算法的最后一步是将所有的样本点 $\vec{X_i}$ 映射到在流形中表示内部全局坐标的低维向量 $\vec{Y_j}$ 上。映射条件满足如下成本函数，如下式所示：

$$\phi(Y) = \sum_i \left| \vec{Y_i} - \sum_j W_{ij} \vec{Y_j} \right|^2$$

　　其中，$\phi(Y)$ 为成本函数值，$\vec{Y_j}$ 是 $\vec{X_i}$ 的输出向量，$\vec{Y_j}$ 是 $\vec{Y_i}$ 的 k 个近邻点，且要满足两个条件，即：

$$\sum \vec{Y_i} = 0 (i = 1, 2, \cdots, N)$$

188

$$\left(\frac{1}{N}\right) \sum \vec{Y_i}\,\vec{Y_i}^{\,T} = I(\,i = 1,\ 2,\ \cdots,\ N\,)$$

其中 I 是 $m \times m$ 单位矩阵。

要使成本函数值达到最小，则取 $\vec{Y_j}$ 为 M 的最小 m 个非零特征值所对应的特征向量。在处理过程中，将 M 的特征值从小到大排列，第一个特征值几乎接近于零，那么舍去第一个特征值。通常取第 $2 \sim m+1$ 之间的特征值所对应的特征向量作为输出结果。

MDS、Isomap、LLE 三种算法进行比较。MDS、Isomap、LLE 三种方法都有较高的计算效率、较少的自由参数、成本函数的非迭代全局最优、实现容易等特点。它们之间的区别也是很明显的，LLE 主要是一种局部方法，它试图保持数据的局部几何特征，就本质上来说，它是将流形上的近邻点映射到低维空间的近邻点，而 Isomap 是一种全局方法，它试图保持整个数据的几何特征，将流形上的近邻点映射到低维空间的近邻点，将流形上的远点映射到低维空间的远点；MDS 对结构复杂的高维数据而言，处理结果不是很理想，而 Isomap、LLE 较之前者而言处理结果则要理想得多；由于 MDS 采用的欧氏距离来描述两数据点之间的关系，因此它较难发现流形的本质维数，而 Isomap 引入了大地测量距离（geodesic distance）替代欧氏距离来描述高维数据中两数据点之间的关系，更有利于发现流形的本质维数；MDS、Isomap 将高维数据降到低维后还有一个局部优化的问题，而 LLE 不存在局部最优的问题。

为了更清楚地比较三种非线性降维方法，在两个有不同数据分布的"玻璃鱼缸"（fishbowl）实例［正形玻璃鱼缸（conformal fishbowl）、均匀玻璃鱼缸（uniform fishbowl）］上运行 Isomap，MDS 和 LLE 以比较它们降维效果，如图 9-9 所示。这两个数据集仅仅在取样点的概率密度方面不同。对正形玻璃鱼缸（conformal fishbowl）而言，在一个圆盘中随机地均匀抽取 2 000 个点，然后从球面投影到一个球体上，此时投影点高度地集中在球体的边缘。在欧氏平面内没有嵌入弯曲的玻璃鱼缸的正确的计量方法，因此除 LLE 成功外，经典 MDS 和 Isomap 都没有成功。而对于均匀玻璃鱼缸（uniform fishbowl）而言，在玻璃鱼缸上用均匀的方法来取样数据点，因为重新缩放比例基本上是一致，因此它们都没能找到一个拓扑上正确的 2 维表示。

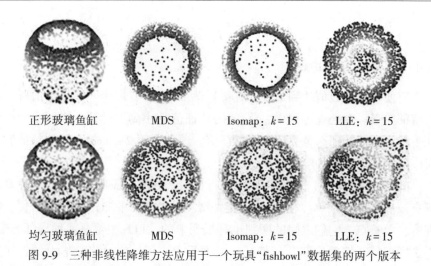

| 正形玻璃鱼缸 | MDS | Isomap: $k = 15$ | LLE: $k = 15$ |

| 均匀玻璃鱼缸 | MDS | Isomap: $k = 15$ | LLE: $k = 15$ |

图 9-9　三种非线性降维方法应用于一个玩具"fishbowl"数据集的两个版本

9.2　可视化隐喻

由于受人类认知能力的限制，我们只能感知到 1-D、2-D 和 3-D 的物理对象，所以我们的可视化空间只能是 2-D 或 3-D。显示维数不同，空间的表达能力也就不同。因此可视化空间的构建是必要的。

构建可视化空间是确定如何把所有的可视化对象根据生成的虚拟结构的特点确定一个有效地可视化隐喻(metaphor)形式，该隐喻形式能够忠实有效地包含和表达信息及信息之间的关系，从而可以让观察者利用其与生俱来的理解空间关系的能力。可视化隐喻可以定义为利用人们熟悉的另一种系统的可视化的特征来描述一种新的系统。它的目标就是通过利用用户其他领域的先有知识(prior knowledge)来控制用户界面的复杂性，信息可视化参考模型中隐喻的起点，如图 9-10 所示。不同的可视化工具采用不同的可视化隐喻形式，从而形成不同的可视化结构。可视化隐喻与可视化结构之间存在着差别，可视化隐喻侧重于利用人们所熟悉的现实世界来呈现信息，而可视化结构则侧重于整体呈现效果。

人们经常说"一幅图胜过千句话"，但这并不总是正确的，如果不能正确对图片进行解码，这幅图就没有任何意义。一幅图如果太小或太模糊就很难得到很好的理解。而且如果图片中的材料没有很好地组织在一起，造成视觉上的混乱也很难让人理解其要表达的意思。

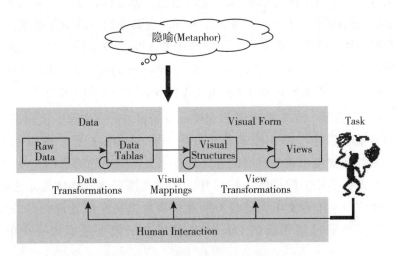

图 9-10　信息可视化参考模型中隐喻的起点

隐喻的选择将影响整个映射过程。从数据结构到可视化结构的可视化映射是信息可视化参考模型的核心。常用的隐喻有：书（Book）、书架（Bookshelf）、报纸（Newspaper）、城市（City）、房子（Rooms）、大厦（Building）、塔（Tower）、导游（guided tour）、透镜（Lens）、蝴蝶（Butterfly）、堆（Pile）、宇宙（Universe／Galaxy／Starfield）、雕塑（Sculpture）、电视机（Television）、墙（Wall）、水族馆（Aquarium）等。

书隐喻　在一些系统中经常用到，如：SuperBook 中将一篇文档隐喻成一本书来显示，BOOK HOUSE 将一本书隐喻成一本书来显示，WebBook 将一组网页隐喻成一些书来显示，libViewer 将 n 篇文档或 n 个网页隐喻成 n 本书。SuperBook／MiteyBook 是一个超文本浏览系统而非检索系统，但它使用书隐喻实现了许多好主意。头标记或标准文本标记语言的 ASCII 文本用书的格式来预处理和显示。在 BOOK HOUSE 系统的实现中，用书的图像显示一次一个的检索文档的描述。BOOK HOUSE 本质上是真实图书馆的一个电子复制品。用象征分类系统不同维的图标来描述检索。球表示书的地理位置（geographic setting），钟表示时间维，剧院面罩（theatre mask）表示书所提供的情绪体验（emotional experience）等。WebBook 允许用户聚集有关联的网页，将它们作为一个单元来处理。WebBook 自身也应用在一个叫作 Web 搜索者（Web Forager）的信息工作空间中。WebBook 预装入一些网页且用真实书本的三维模拟来显示它们。WebBook 支持许多与现实世界书本有关的特征，例如：书签的插入等。而其他的一些特征在现实世界中没有对应物，例如：共享性等。动画在 WebBook 系统的实现中起着很重要的作用。作为 SOMLib 工程的一部分，libViewer applet 的检索系统搜索结果通过将文档元数据映射为真实世界书本的属性而显示为 3 维书本。

书架隐喻　Web 搜索者和 libViewer applet 系统中除了使用书隐喻，还使用了书架隐喻。Web 搜索者允许用户将 WebBook 置于虚拟书架上。LibViewer 使用虚拟书架用有序的方式来显示文档的书隐喻表示。在简单模式中，"书"在书架上的排序是按尺寸、相关性等有效的元数据来进行的；在高级模式中，作者使用无监督神经网络来聚类文本以处理相似的主题。每个单个聚类通过使用所谓 LabelSOM 技术在书架上显示为一个单个的搁板。

报纸隐喻　在信息检索可视化系统 VOIR（Visualization of Information Retrieval）为检索结果的可视化使用报纸隐喻。在 Web 中，经常使用报纸隐喻，如：电子报纸、个性化的电子报纸。VIOR 系统的特殊之处在于与新闻无关的文本可视化中的新闻隐喻的使用。使用报纸隐喻主要是为了组织通过许多不同机制检索得到的内部相关的文本。

房间隐喻　通过允许用户组织、储存、恢复窗口位置和其他特征作为以后重用的工作集，使用房间隐喻虚拟扩大有效的屏幕空间。它们的房间系统包括一些另外的思想和隐喻，如：房间之间的开关（switch）、搬运窗户到每个房间的"口袋"（pockets）、搬运窗户到另一房间的"行李"（baggage）等。它们也列举了许多房间隐喻的以前的应用。它们的用法是纯粹的桌面组织。在 Information Visualizer 中的房间是从最初的 2 维扩充到后来的 3 维，然而它保持了最初的控制，如：从一个房间走到另一房间时门的控制，且增加了像变焦（zooming）等一些另外的功能。在 Information Visualizer 中，房间的思想和浏览或查询技术结合在一起。在 BOOK HOUSE 中也用房间使区域检索引擎结构化，如：儿童书的搜索功能、成人书的搜索功能等。检索过程结构化成从一房间到另一房间的线路，查询的输入和查询结果的显示使用其他的隐喻。

大厦隐喻　大厦隐喻经常用于检索结果或浏览结果的可视化中，经常与其他的隐喻一起使用。大厦是信息城市（Information City）的一部分，它包含房间、门和窗户。在 Information Visualizer 中，使用大厦的空间结构作为人的结构化浏览器。在 BOOK HOUSE 中，大厦是这个系统的总体隐喻。

　　塔+电梯(tower plus elevator)隐喻　作为大厦隐喻的一种特殊形式已经使用在 VR-emb 原型系统中。当进入塔后，用户发现自己在电梯中，通过控制电梯，用户可在电子购物中心(electronic mall)中导航。电子购物中心的客户可以虚拟地位于塔的不同的层。

　　导游隐喻(guided tour)　将导游隐喻与信息检索技术结合创造了动态导游以直接回复用户的查询。

　　透镜(lens)隐喻　Information Visualizer 为鱼眼观察一本书的页面而使用透镜隐喻。透镜隐喻也用于透明(see-through)工具，如：用户明确地表达数据库查询请求。作为观察表格或表格形式的结果列表的表格透镜(Table Lens)也使用透镜隐喻。与前者不同，表格透镜用更抽象的形式使用透镜。

　　蝴蝶(butterfly)隐喻　在 Information Visualizer 工程的蝴蝶(butterfly)部分使用了蝴蝶(butterfly)隐喻，旨在解决快速用户接口与慢得多知识仓库之间的问题。这个系统用于支持 3 个 DIALOG 数据库(SCI、SSCI、IEEE Inspec)的异步查询。蝴蝶可视化用蝴蝶左翅膀的翅脉来显示论文的参考文献，且引用数据库中用蝴蝶右翅膀的翅脉来显示论文的引用者。

　　堆(pile)隐喻　在许多系统中，堆(Pile)隐喻用于可视化查询结果。Macintosh 上支持临时信息组织的原型系统的实现中用堆隐喻表示了"一堆文档"。除了使用堆隐喻外，此系统还包括自动归档和文档索引机制。它们使用了 tf * idf 算法的变种来进行文档排序和抽取一些术语来描述文档和堆等。

　　宇宙(universe/galaxy/starfield)隐喻　宇宙隐喻已经应用于许多系统中，如：SPIRE、Vineta 等。SPIRE 系统中采用宇宙隐喻，主要是用夜空的星星表示"文档点"(docupoints)的 2 维散点图。它们通过降维显示聚类和文档间的相互关联。聚类用关键术语来标注。两个聚类或文档越相似，在可视化显示时它们越靠近。Vineta 系统中宇宙隐喻是用 3 维来实现的。隐喻的用法比 SPIRE 系统更抽象，但主要概念是相同的。

　　雕塑(sculpture)隐喻　在 Information Visualizer 中也使用了雕塑隐喻。

它可视化博物馆里像雕塑一样的数据集中的 65 000 个样本点。

电视机(television)隐喻　　电视机隐喻已经用于 WebStage 原型系统中。该系统的目标是通过用电视机程序的风格表示 Web 页以减少访问 Web 时的一些用户操作。这包括媒体格式的转换，如：在屏幕上使用大字体显示标题，其他文本字符串用文本-语音合成器来传达。图像也可在屏幕上表示。用类似电视机的形式完成已显示网页的检索或选择。频道面板(channel panel)上，通过使用其他 Web 搜索引擎或目录服务能够检索已显示 URL 的聚类。

墙(wall)隐喻　　在 Information Visualizer 环境下，墙隐喻以"透视墙"的形式解决了大量线性结构化数据可视化的一些关键问题，如：大屏幕上显示大量信息等。通过墙隐喻在一个可视化中集成了细节+上下文视图。在实现时，墙的水平维用于表示时间，垂直维用于可视化信息空间的层次。如：用表示文件修改日期的水平轴，表示文件类型的垂直轴，来进行文件的可视化。

水族馆(aquarium)隐喻　　大型在线商店的接口使用了水族馆(aquarium)隐喻，此接口支持浏览和查找。他们的动机旨在弥补现在在线商店适用性方面的不足，他们评价道："这不是购物，而是信息检索和订单输入(order entry)"。在类似蓝色水族馆前，这个新接口显示商店里的商品，且像鱼一样慢慢游动。通过关键词查询或相关反馈能够改变自己的选择。如果没有用户交互，显示内容也会自动地逐渐变化。它也支持像书签、前进、后退等超文本浏览器的一些公共操作。

9.3　可视化显示

绘制可视化图形是可视化虚拟结构、可视化空间确定后，经过图形绘制最终完成将抽象的信息以直观的图形方式呈现给用户。确定可视化图形结构是解决在可视化呈现中，如何确定节点在显示屏幕中的位置、节点与节点之间的距离多大、哪些节点之间利用边相连等。可视化图形应该满足以下要求：

①易于认知及可读性强。要能够从复杂的空间中识别出不同的对象，如通过文字标签、形状、颜色及样式进行区分。

②避免视觉上的混乱。如边的交叉、非相关对象的重叠等。

③揭示出隐含在数据中的规律。

④不同的图表绘制算法都遵循它们自己的美学标准。

可视化与传统的图形显示的不同之处在于要可视化的信息量非常大，因此采用传统的绘图方法无法将复杂的信息空间揭示出来。如何在普通计算能力的计算机上实现图形的绘制及实现实时交互是图形绘制的关键。

9.3.1　散点图矩阵

1983 年，Chambers 为了揭示两个变量之间潜在的关系或联系而提出了散点图这个概念。两个变量中，一个是说明变量（Explanatory variable），另一个是反应变量（Response variable）。在散点图中，这些关系可通过一些有向结构来表示。两个变量之间存在的主要关系有：线性关系（包括正相关、负相关和不相关）、二次关系、指数关系和正弦曲线关系等。例如：假设受教育年限为说明变量，年收入为反应变量，那么在散点图上受教育年限和年收入之间的正相关表现为上升的趋势，即年收入越高表明受教育年限越长；年收入越低表明受教育年限越短。负相关则表现为下降的趋势，即受教育最多的人比受教育最少的人得到更低的收入。或者两者之间没有任何显著的关联，散点图不表明任何趋势。下面的散点图分别表示变量之间的正相关、负相关和非相关，如图 9-11 所示。

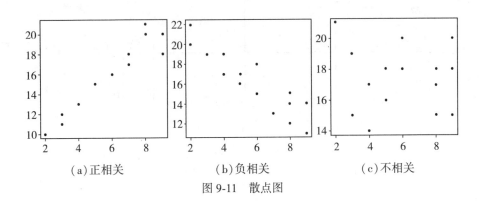

(a)正相关　　　　　(b)负相关　　　　　(c)不相关

图 9-11　散点图

根据在图上显示的方式不同，散点图包括简单散点图、3 维散点图、重叠散点图和散点图矩阵等。用于信息可视化的主要是散点图矩阵。它的基本思想是对给定的 k 个变量（X_i，$i=1$，2，$\cdots$，k）集，在一个页面上用矩阵的形式表示所有这些变量成对的散点图，其中每一行和每一列都定义一个单独的散点图。也就是说，如果有 k 个变量，那么这个散点图矩阵将有 k 行 k 列且这个矩阵的第 i 行第 j 列是 X_i 对 X_j 的一个图，且在这个矩阵的主对角线上写上这些维的名字。这对于快速确定成对变量之间的关系是十分有用的，但由于单个散点图的尺寸因此完全理解它们的关系是比较困难的。例如在环境污染方面，图 9-12 揭示了几种主要的污染源：钾（potassium）、铅（lead）、铁（iron）、氧化硫（sulfur oxide）它们之间的关系。我们有许多方法来观察这个散点图矩阵，如果主要对某一特定的变量感兴趣，那可以详细查看这个变量所在的行和列；如果对它们之间的关系感兴趣，可以详细查看这个图然后决定哪些变量是相关的。

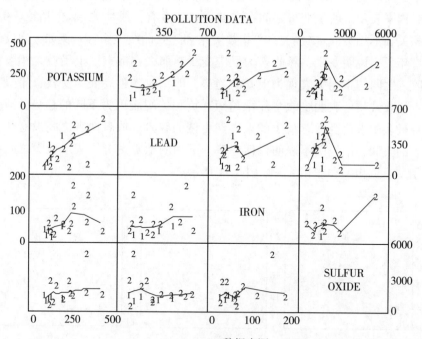

数据来源：NIST chemist Lloyd Currie

图 9-12　有关污染数据产生的散点图矩阵

9.3.2　平行坐标法

当信息只有 2 维时，可以很方便地在笛卡儿坐标中用散点图（scatter

plot）来表示；对于 3 维情况，可以在 3 维空间表达出各点的分布；但是，超过 3 维的情况下，用图像难以表示其空间分布。平行坐标作为一种将高维空间的数据点映射到 2 维空间的一种可视化技术，为此类问题的解决提供了便利。

平行坐标法是最早的可视化技术之一，由以色列 Tel Aviv 大学计算机与应用数学系教授阿尔弗雷德·英思博格（Alfred Inselberg）教授发明。受几何学中平行概念的影响，他于 1959 年提出平行坐标的思想，并缩记为 ‖-coords。后来逐步完善了他的平行坐标思想，以使在平行坐标系中能够显示高维的线、曲线、平面和表面等。目前，平行坐标法已经在许多领域得到了广泛的应用，如：可视化、自动分类、数据挖掘、最优化、GIS、过程控制、决策支持、近似计算等。

Inselberg 于 1980 年第一次以论文形式明确提出平行坐标法，并作为表示高维信息的一种新方法。之后他又有多篇论文将这一方法加以补充和完善。Inselberg 的研究成果引起可视化界的关注，并于 1990 年第一次成功地将平行坐标法应用于可视化。且在以后的应用过程中，进一步出现了多种改进形式，如：在不同层次上的平行坐标显示；用曲线代替直线增强可视化效果等。

平行坐标是对多维空间的两维表示，使多维数据的表示更加直观。它的基本思想是在 2 维空间中，采用等距离的竖直的 n 个平行坐标轴表示 n 维空间，n 个变量值对应到 n 个平行坐标轴上，再将 n 个坐标轴上的点用连续线段连接起来，这 $n-1$ 条线段与 n 条轴相交的 n 个点表示一个 n 维空间点。这条代表 n 维数据的折线可以用 $n-1$ 个线性无关的方程表示，如下式所示。

$$\frac{x_1 - a_1}{u_1} = \frac{x_2 - a_2}{u_2} = \cdots = \frac{x_n - a_n}{u_n}$$

由上式可得：

$$x_{i+1} = m_i x_i + b_i, \ i = 1, \ 2, \ \cdots, \ n - 1$$

其中，$m_i = \frac{u_{i+1}}{u_i}$ 表示斜率，$b_i = (a_{i+1} - m_i a_i)$ 表示在 $x_i x_{i+1}$ 平面中 x_{i+1} 轴上的截距。当 $n=2$ 时，平行坐标可用 x_1 和 x_2 为两条垂直轴来表示。可以证明，在笛卡儿坐标中分布在直线上的各点在平行坐标中所对应的各直线应相交于一点，此点的坐标是：

197

$$\left(\frac{d}{1-m_1}, \frac{b_1}{1-m_1}\right)$$

其中，$m_1 \neq 1$，d 是两平行坐标轴间的距离，其值可取为 1。

平行坐标中各直线相交点的位置决定于笛卡儿坐标系中线段的斜率。笛卡儿坐标中斜率为 0 的线段相应的平行坐标中的直线的相交点在右垂直轴，斜率为 ∞ 的线段的相交点在左垂直轴，斜率为负的线段的相交点在两条轴之间，斜率为 0~1 的线段的相交点在右垂直轴的右边，斜率大于 1 的线段的相交点在左垂直轴的左边。图 9-13 表达了不同斜率下的相交点的分布。

笛卡儿坐标系中线段的截距表示沿垂直轴的位移。上述的映射关系可视为一种点到线、线到点的映射，即笛卡儿坐标中的点，可映射为平行坐标中的线，反之亦然。这种映射关系从统计观点可推广至更广泛的情况。笛卡儿坐标系中的二次曲线(如椭圆)可映射为平行坐标中的二次曲线(如双曲线)；笛卡儿坐标中的旋转可映射为平行坐标中的平等。可将以上的 2 维情况推广至多维空间，这些映射关系为平行坐标系中理解多维数据集提供了根据。

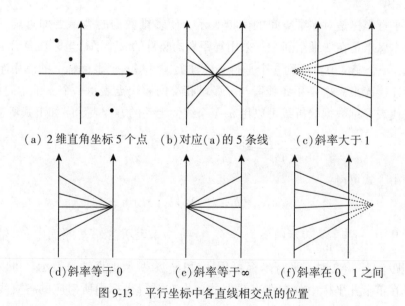

(a) 2 维直角坐标 5 个点　(b) 对应(a)的 5 条线　(c) 斜率大于 1

(d) 斜率等于 0　　　(e) 斜率等于 ∞　　(f) 斜率在 0、1 之间

图 9-13　平行坐标中各直线相交点的位置

例：用平行坐标表示点和线。

6 维点 $(-5, 3, -4, -2, 0, 1)$ 在平行坐标中的表示方法为: 用 6 个平行间距相等的轴, 分别用 X_1, X_2, $\cdots$, X_6 为标记, 将 x_i 定位在第 X_i 轴的相应位置上, 然后所有点通过线来连接, 如图 9-14(a) 所示。线 $x_2 = -3x_1 + 20$ 在平行坐标中的表示方法: 这里假设坐标轴间距 $d = 1$, 用式 $\left(\dfrac{d}{1-m_1}, \dfrac{b_1}{1-m_1} \right)$ 求出交点 $\left(\dfrac{1}{4}, 5 \right)$, 再在笛卡儿坐标系中任意取线上的几个点, 用上述画点的方法, 即可得到线 $x_2 = -3x_1 + 20$ 在平行坐标中的表示如图 9-14(b) 所示。

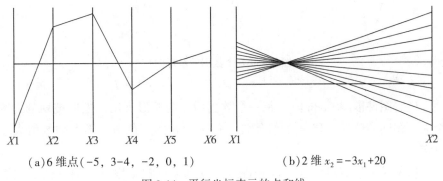

(a) 6 维点 $(-5, 3-4, -2, 0, 1)$　　　　　　　(b) 2 维 $x_2 = -3x_1 + 20$

图 9-14　平行坐标表示的点和线

9.3.3　其他可视化显示技术

高维信息的可视化显示还可以通过几何图、层次等其他技术来呈现。

几何图主要是将数据值映射成某种基本几何图形。根据数据值的不同, 图形的形状和颜色上有所差异, 但基本形状是一样的。几何图相当于用 2 维平面上的 N 个点表示一个 N 维空间上的一个点。主要的几何图可视化技术有星型图 (Stars)、形码图 (Shape Coding)、切尔诺夫脸谱图 (Chernoff Faces) 等。

星型图 (Stars)　每个星型标记的构造方法如下: 任选空间的某一点作为一个星型标记的中心点, 由中心点作出 n 条线段来代表 n 个数据维, 这 n 个线段把平面平均分成 n 份。一般地, 每一个线段长度代表一个数据维的值的大小 (或者名词性属性, 由用户自己定义各自的长度)。把一个星型标记线段的终点全部用直线连接起来, 就构成了一个星型图 (如图 9-15 所示)。每一个星型图都代表数据库中一条记录, 这样一组数据就用一组星型来代表。

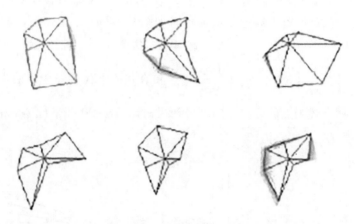

图 9-15　6 个数据的星形图

形码图(Shape Coding)　每一个数据用一个矩形表示，矩形被划分为 N 个大小相同的单元，代表 N 维属性。每个单元的颜色由该维上的数值大小决定。

切尔诺夫脸谱图(Chernoff Faces)　其基本思想是数据项的两位被映射成两个用于显示的坐标维，而剩下的维则被映射成一张脸的各个器官——鼻子、嘴巴、眼睛的形状以及脸部本身的形状。此种方法的优点是利用了人类类似于脸和脸部特征的敏感性，从而达到良好的可视化效果。但是能用 Chernoff-Faces 进行可视化的数据集非常有限。

层次技术的基本思想是将 n 维数据空间依据一定的原则划分为若干个子空间，对这些子空间以层次结构的方式组织并以图形表示出来。主要的层次可视化技术有树图、多维重叠(Dimensional Stacking)等。

树图　它的基本思想是根据数据的层次结构将屏幕空间划分成一个个矩形子空间，子空间大小由节点大小来决定。树图层次则依据由根节点到叶节点的顺序，水平和垂直依次转换，开始将空间水平划分，下一层将得到的子空间垂直划分，再下一层又水平划分，依此类推。对于每一个划分的矩形可以进行相应的颜色匹配或必要的说明。

例：选取近几年信息可视化有代表性的 10 篇文档(见表 9-1)，用 Treemap 4.1 对这 10 篇文档分类，同时定义两个层次结构：第一层"年份"、第二层"来源"，并且使用矩形颜色的深浅隐喻不同的年份，矩形的大小不作隐喻设置，结果如图 9-16 所示。从图 9-16 可以看到文档之间的关系非常清晰、直观，与表 9-1 相比，更加易于观察。一眼能够看到 10 篇文章在年份、来源上的分布情况。其中，《情报科学》3 篇，2004 年有 5 篇。

表 9-1　　　　　　　　　　　　文章列表

序号	标题	来源	年（期）
1	信息可视化系统的 RDV 模型	情报学报	2004（5）
2	信息可视化的基本过程与主要研究领域	情报科学	2004（1）
3	信息可视化在信息管理中的新进展	现代图书情报技术	2003（4）
4	数字图书馆信息可视化的研究框架	沈阳教育学院学报	2005（3）
5	文献信息可视化研究	情报学报	2003（4）
6	信息可视化——知识服务网站的新形象	情报理论与实践	2005（6）
7	信息提供的可视化研究	情报科学	2004（3）
8	信息资源描述与存储的可视化研究	情报科学	2004（1）
9	同引分析与可视化技术	情报科学	2005（4）
10	引文分析可视化研究	情报杂志	2004（11）

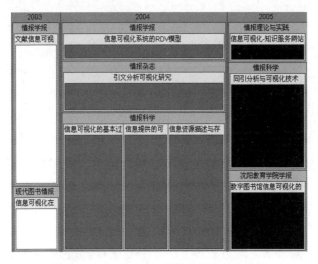

图 9-16　Treemap 4.1 可视化呈现文档分类

多维重叠(Dimensional stacking)　　多维重叠将 n 维坐标分成 $n/2$ 个坐标对，然后将它们重叠在一个 2 维平面上。如图 9-17 所示，它是一个 5 维空间的多维重叠可视化表示，首先选出一个多维数据集属性中的两个属性来构建一个平面坐标系(即最外围的 X–Y 坐标)，在这个坐标系中，按其单位长度把空间分成若干个矩形表格；再选取第二对坐标，在每一个方格中做相同坐标标识；依此下去，直到所有的坐标安排完毕。这时，n 维空间的每一个数据在此重叠的 2 维平面对应唯一的一个小方格，从而达到可视化的目的。

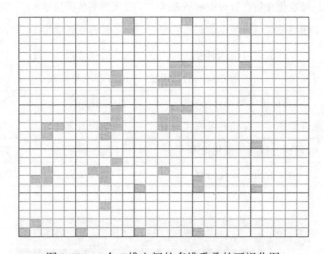

图 9-17　一个 5 维空间的多维重叠的可视化图

9.4　交互技术

在有限的屏幕上显示复杂的信息结构时，显示更多的低层次细节还是更多的高层次上下文信息之间是一对矛盾。用户不仅要能轻松访问焦点对象的局部细节，也要轻松访问帮助其定位的全局信息。问题在于怎样折中计算机屏幕的有限面积。底线是要弄清楚哪些需要优先显示，哪些不要。

缓解这一对矛盾一般有三种方法：①概览+细节视图——在不同视图中显示概览和细节信息；②可缩放视图——以不同比例显示对象，也称做多比例显示；③焦点+上下文视图——在几何失真综合视图中显示局部细节和全局信息。在简易、方便及整体效果方面，这些方法各有各的优势和不足。第一种方法使用户不得不在分割显示的概览和细节视图之间来回移动。第二种方法会暂时失去上下文信息。如果用户过多转换焦点，第三种方法会失去连续性。一般而言，失真显示在同一视图中包含多个比例。典型的是，焦点区域以较好的比例显示，边缘区域以较为粗糙的比例显示。相反，缩放显示是用户在放大、缩小过程中改变比例，但是用户一次只能看到一个比例。这些方法的研究大大限制在层次信息结构上。比较有名的失真显示包括鱼眼视图显示，透视墙显示、双焦点显示，以及双曲视图显示。多比例显示的最好例子是 Pad++。

鱼眼视图(fisheye views)　1986 年，Furnas 建立了鱼眼视图显示的基础。他正式给出了兴趣程度(degree of interest，DOI)的定义，用以确定在鱼眼视图中对象的显示比例该以怎样的速度减小。事实上，鱼眼视图是透视试图和语义视图的结合。一般而言，它采取的是焦点对象放大，其他对象缩小。

透视墙视图(perspective wall)　1982 年，Spence 和 Apperley 最早提出了这一想法，即在计算机屏幕上以平行线条方式显示信息。线条的宽度不同，中间线条最宽，周围线条收缩以在同时显示所有线条。一旦用户选择了一个线条，它便移到中心并变成实际大小。1991 年，Mackinlay 等人提出了一种计算机化的、自动的双焦点显示的 3 维实现的透视墙视图。它具有三个面板，中间面板显示用户正在聚焦的信息，两个侧面板，收缩在远处，生成上下文信息。用户可以方便地把上下文信息拖到焦点面板。

双曲视图(hyperbolic view)　双曲视图显示是由 Xerox PARC 研制的显示巨大层次信息结构的较新的可视化技术。双曲视图的基础是双曲空间的数学模型。双曲模型适合显示巨大的、非均衡的层次化结构。双曲视图给出了焦点+上下文问题的满意答案。视图中心的节点以高清晰度显示，边缘节点以较小尺寸显示。用户可以选择上下文中的任一节点到视图中心以查看详细信息。

缩放用户界面(zooming user interfaces)　缩放用户界面这一术语较新，尽管类似的观点和技术在遥感图片处理和地理信息系统等计算机系统中使用多年。缩放用户界面最重要的条件是用户界面允许用户根据不同层次的细节轻松自由地放大缩小。

缩放用户界面的典型代表是 Pad++，它是一个由包括 New York 大学和 Maryland 大学等在内的多个大学联合开发的多比例显示工具。Pad++实现的缩放用户界面使得用户能够在一个比较广的范围内缩放。例如，可以设计我们大学的缩放用户界面允许用户在不同的水平浏览大学。用户能够无限地放大缩小：从太阳系、地球、伦敦到一个人体模型、人的心脏、血细胞等。

9.5 知识可视化

9.5.1 知识可视化框架

为了有效地实现知识的传播和创新，需要考虑四个不同的观点，它们分别回答了以下四个问题：①为什么要将知识可视化？②什么类型的知识需要可视化？③接收者是谁？④怎么对这些知识进行可视化？针对这些问题，Burkhard 提出了知识可视化的框架，如图 9-18 所示。

可视化目的	知识类型	接受者类型	可视化类型
协调	是什么	个人	草图
注意力	怎么做	小组	图表
记忆	为什么	组织	图像
激励	在哪里	网络	地图
阐述	关于谁		对象
新见解			交互式可视化
			故事

图 9-18　知识可视化框架

可视化目的观点区分了可视化表示的六种不同类型的作用：在沟通过程中，对不同的个人进行协调；吸引并保持注意力；提高记忆的程度；激励、刺激观察者；在小组间详细阐述知识；支持新见解的产生。知识类型观点区分了需要传播的知识的类型：陈述性知识（是什么），过程性知识（怎么做），实验性知识（为什么），方向性知识（在哪里）和个人知识（关于谁）。接受者类型观点区分了接受者的不同类型：个人、小组、组织以及由不同的人组成的网络。可视化类型观点区分了可视化的七种不同方法：草图、图表、图像、地图、对象、交互式可视化以及故事。

9.5.2　知识可视化模型

为了实现上述框架，利用可视化方式促进知识传播和创新，Burkhard 提出了知识可视化的概念模型，如图 9-19 所示。

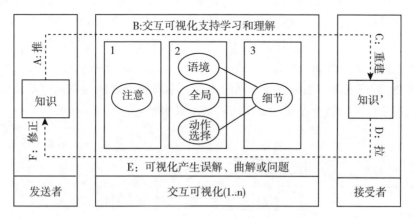

图 9-19　知识可视化模型

该模型由三个相互关联的部分组成：发送者、媒介(交互可视化)和接受者。首先，知识发送者需要外化其想要传播的知识。该过程分为三个阶段：①发送者吸引接受者的注意；②发送者构建语境，并展示全局和动作选择；③发送者给出可供选择的细节。接受者获取后，对知识进行重建。由于不同的认知和假设，重建过程中可能产生误解、曲解或其他问题。这时，发送者需要对修正可视化形式直至接受者能够正确重建知识。

9.5.3　知识可视化技术

Eppler 和 Burkhard 将知识可视化技术概括为 6 种类型：①启发式草图（Heuristic Sketches），在小组间产生新的见解；②概念图表（Conceptual Diagrams），结构化信息并展示其关系；③视觉隐喻（Visual Metaphors），映射抽象数据使其易于理解；④知识动画（Knowledge Animations），动态的、交互的可视化技术；⑤知识地图（Knowledge Maps），结构化专家知识并提供导航；⑥科学图表（Scientific Charts），可视化知识域。

在以上六种类型中，我们认为前三种能够有效地表示隐性知识。启发式草图是将尚未成熟的观点用草图表示出来与他人交流，这种草图由提出者本人编写，其形式和结构千差万别，这里不做讨论。而概念图表主要有概念图、语义图及因果图三种类型，下面我们对其与视觉隐喻进行详细讨论。

概念图是由美国康奈尔大学诺瓦克教授基于有意义学习理论提出的一种可视化方式表示知识的技术，其主要构件包括：①概念，感知到的事物的规则属性；②命题，两个概念之间通过某个连接词而形成的意义关系；③交叉连接，表示不同知识领域概念之间的相互关系；④层级结构，概念的展现方式，一般是按从属关系展开。例如，图 9-20 是我们构建的关于"竞争优势"的概念图，矩形代表不同的概念，不同概念之间的关系用带说明的连线表示，不同概念按从属关系由右至左依次展开。

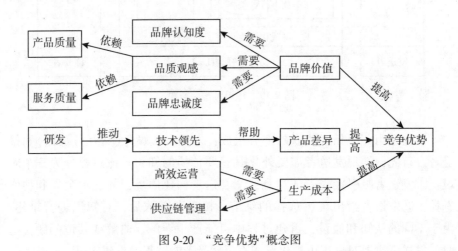

图 9-20　"竞争优势"概念图

语义图（Semantic Map）又称语义网络（Semantic Networks），Fisher 将其定义为由节点和连线组成的网络，有连接词但不严格限制在层次结构上。与概念图一样，语义图用节点和连线表示不同的概念及其之间关系，但是语义图并不限制严格规定有连接词，概念之间可以仅用连线连接。例如，图 9-21 是根据波特提出的关于组织环境分析的"五力量模型"方法构建的语义图，5 个力量因素与核心概念"波特五力量模型"及其子因素相连，而它们的关系并未用连接词给出。

因果图（Causal Map）又称认知图（Cognitive Map），因果图是以个体建构

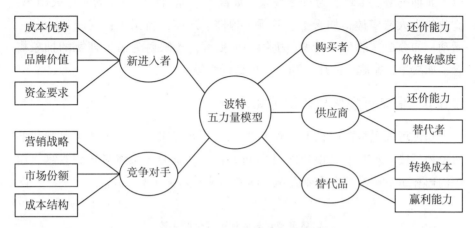

图 9-21 "波特五力量模型"语义图

理论为基础提出的知识表示方法，它将不同的想法作为节点并将其连接起来。它与概念图和语义图之间的区别主要有以下两点：①其节点是想法而不是概念，想法可以是一个句子或段落；②节点之间通过带箭头的连线连接，连线上没有连接词，但连接线的隐含连接词是因果关系。例如，图 9-22 是我们构建的关于利润的因果图，每个想法用椭圆表示，不同想法之间的因果关系用有向线段表示，如"销售收入的增加"和"成本的降低"将导致"利润"的提高。

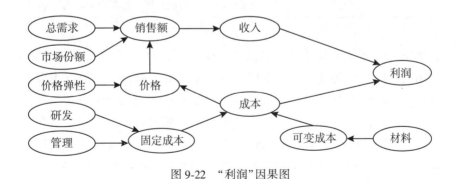

图 9-22 "利润"因果图

视觉隐喻是将抽象的知识映射为明确、有效的视觉形式，研究表明，人们常常更易于接受、理解和记忆图形化的表示形式。视觉隐喻可以分为以下四种类型：①映射为自然现象，如高山、冰川、河流、瀑布、火山等；②映射为人造实体，如天平、阶梯、道路、庙宇、桥梁等；③映射为某一活动，如登山、散步、驾驶、垂钓、狩猎等；④映射为易于理解的抽象概念，如战争、家庭、法律、和平、可持续性等。

9.5.4　信息可视化与知识可视化

知识可视化是在信息可视化基础之上发展起来的，它扩展了可视化的对象和手段，改变了可视化的目标和方式，其研究成果将对知识管理、组织沟通和组织学习产生重要影响，两者的关系如表9-2所示。

表9-2　　　　　　　　　　信息可视化与知识可视化的比较

项目	信息可视化	知识可视化
可视化目标	增强认知	促进知识传播和创新
可视化对象	抽象数据，集中于显性知识	显性知识和隐性知识
可视化手段	计算机支撑	计算机支撑和非计算机支撑
交互方式	人机交互	人人交互
产生背景	计算机科学、网络技术、人机交互	知识管理、组织沟通、知识构建
主要成果	技术创新	解决问题
相关影响	信息管理、数据挖掘、信息分析	知识管理、组织沟通、组织学习

信息可视化和知识可视化均试图利用人们处理视觉表示方式的优势，但利用的目标、对象和手段并不相同。信息可视化以在大量数据中发现新的见解，增强认知为目标；知识可视化则以丰富知识的表示方式，促进群体间的知识传播和创新为目标。信息可视化以抽象数据为可视化对象；知识可视化则把可视化对象扩展到隐性知识范围。信息可视化主要采用计算机支撑的技术；而知识可视化同时采用计算机支撑和非计算机支撑的手段。另外，信息可视化是人机交互，而知识可视化是人与人之间的交互。

在产生背景、主要的研究成果和产生的影响等方面，信息可视化和知识可视化也不相同。信息可视化是在计算机技术迅速发展、网络普及的环境下并得益于人机交互的研究成果产生和发展起来；而知识可视化是由于知识管理、组织沟通和知识构建等学科的发展需要而产生的。信息可视化的发展带来了大量新的技术和工具；而知识可视化更注重利用现有的技术和工具来解决管理中的问题。信息可视化为信息管理、数据挖掘和信息分析提供了新的方法和工具；知识可视化则为知识管理、组织沟通和组织学习提供新的方法和手段。

本章参考文献：

［1］Ackerman F, Eden C. Contrasting Single User and Networked Group Decision Support Systems for Strategy Making［J］. Group Decision and Negotiation, 2001, 10: 47-66.

［2］An Investigation of Methods for Visualising Highly Multivariate Datasets［EB/OL］. http: //www. agocg. ac. uk/reports/visual/casestud/brunsdon/pursuit1. htm. 2006-12-26.

［3］Bederson B B, Hollan J D, Perlin K, Meyer J, Bacon D, Furnas G. Pad++: a zoomable graphical sketchpad for exploring alternate interface physics［J］. Journal of Visual Languages and Computing, Vol. 7, No. 1, 1996: 3-31.

［4］Bier Eric A, Stone Maureen C, Fishkin Ken, et al. A taxonomy of see-through tools［C］//CHI 1994: Conference Proceedings Human Factors in Computing Systems. Conference: Boston, MA, April 24-28 1994, New York (ACM Press), 1994: 358-364.

［5］Borner K, Chen C, Boyack K W. Visualizing Knowledge Domain［J］. Annual Review of Information Science and Technology, 2002, 37: 179-255.

［6］Bryan Dough, Gershman Anatole. The Aquarium: A Novel User Interface Metaphor for Large, Online Stores ［C］. Proceedings 11th International Workshop on Database and Expert Systems Applications. Conference: Greenwich, London, United Kingdom, Los Alamitos, CA (IEEE Computer Society) , September 4-8 2000: 601-607.

［7］Burkhard R. Towards a Framework and a Model for Knowledge Visualization: Synergies between Information and Knowledge Visualization. Knowledge and information visualization: searching for synergies［J］. Heidelberg, Springer Lecture Notes in Computer Science, 2005: 238-255.

[8] Card S, Mackinlay J, Shneiderman B. Readings in Information Visualization: Using Vision to Think[M]. Los Altos, CA: Morgan Kaufmann, 1999.

[9] Card Stuart K, Robertson George G, York William. The WebBook and the Web[M]. 2004.

[10] Chen C. Information Visualization: Beyond the Horizon [M]. 2nd ed. Springer, 2004.

[11] Choo C W, Detlor B, Turnbull D. A Behavioral Model of Information Seeking on the Web — Preliminary Results of a Study of How Managers and IT Specialists Use the Web [C]. Proceedings of 1998 ASIS Annual Meeting, 1998.

[12] Dieberger Andreas, Frank Andrew U. A city metaphor for supporting navigation in complex information spaces[J]. Journal of Visual Languages and Computing, 1998, 9(6): 597-622.

[13] Eden C. Cognitive Mapping: A review[J]. European Journal of Operational Research, 1988, 36(1): 1-13.

[14] Eden C. On the Nature of Cognitive Maps [J]. Journal of Management Studies, 1992, 29(3): 261-265.

[15] Egan Dennis E, Remde Joel R, Gomez Louis M. Formative Design-Evaluation of SuperBook [J]. ACM Transactions on Information Systems, 1989, 7(1): 30-57.

[16] Eppler M J, Burkhard R. Knowledge Visualization. Towards a New Discipline and its Fields of Application [EB/OL]. http://www.bul.unisi.ch/cerca/bul/pubblicazioni/com/pdf/wpca0402.pdf.

[17] Fisher K M. Semantic Networking: The New Kid on the Block[J]. Journal of Research in Science Teaching, 2001, 27(10): 1001-1018.

[18] Forager. An Information Workspace in the World Wide Web[C]. CHI 1996: Conference Proceedings Human Factors in Computing Systems. Conference: Vancouver, BC, Canada, New York (ACM Press), April 13-18 1998: 111-117.

[19] Fua Y, Ward M O, Rundensteiner E A. Hierarchical parallel coordinates for exploration of large datasets[C]. Proceeding of Visulization, 1999: 58-64.

[20] Furnas G W. Generalized fisheye views[C]. Proceeding of CHI'86, 1986:

16-23.

［21］Golovchinsky Gene. Queries? Links? Is there a Difference? ［C］. CHI 1997: Conference Proceedings Human Factors in Computing Systems. Conference: Atlanta, GA, New York (ACM Press), March 22-27 1997: 407-413.

［22］Graham M, Kennedy J. Using curves to enhance parallel coordinate visualizations［C］. Proceedings of the Seventh International Conference on Information Visualization, 2003: 10-16.

［23］Guinan Catherine, Smeaton, Alan F. Information Retrieval from Hypertext using Dynamically Planned Guided Tours. In: Hypertext 1992 / ECHT 1992: European Conference on Hypertext Technology. Conference: Milan, Italy, New York (ACM Press), November 30-December 4 1992: 122-130.

［24］http: // forrest. psych. unc. edu/teaching/p208a/mds/mds. html［EB/OL］.

［25］http: //www. math. tau. ac. il/~aiisreal/［EB/OL］.

［26］http: //www. pami. sjtu. edu. cn/people/xzj/introducelle. htm［EB/OL］.

［27］Inselberg A. N-Dimensional Coordinates, IEEE Pattern Analysis & Machine Intelligence (PAMI) ［J］. Picture Data Description & Management, Asilomar, California, 1980.

［28］Inselberg A, B Dimsdale. Parallel coordinates: a tool for visualizing multidimensional geometry［J］. IEEE Proceedings of Visualizing '90, 1990: 361-378.

［29］Johnson B. Visualizing Hierarchical and categorical Data［D］. Department of Computer Science, University of Maryland, 1993.

［30］Juan C Dürsteler. Visual Metaphors［J］. The digital magazine of InfoVis. net, June, 2002.

［31］Keim D A. Visual techniques for exploring databases. In: Tutorial Notes, 3rd Int, Conf. on Knowledge Discovery and Data Mining (KDD97), Newoort Beach, CA, Aug. 1997.

［32］Kohonen T. Self-Organized formation of topologically correct feature maps ［C］. Biological Cybernetics, Vol. 43, 1982: 59-69.

［33］Kohonen T. Self-Organizing Maps［M］. Berlin: Springer, 1995.

［34］Lamping J, Rao R. The hyperbolic brower: A focus plus context technique for visualizing large hierarchies［J］. Journal of Visual Languages and Computing, 1996, 7(1): 33-55.

［35］LeBlanc J, Ward M O, Wittels N. Exploring n-dimensional database［C］. Proceeding of Visulization '90, 199: 230-237.

［36］Mackinlay J D, Roberston G G, Card S K. The perspective wall: detail and context smoothly integerated［C］. Proceedings of ACM CHI'91, New Orleans, LA, 1991: 173-179.

［37］Mander Richard, Salomon Gitta, Wong Yin Yin. Pile' metaphor for supporting casual organization of information［C］. Bauersfeld P, Bennett J, Lynch G, eds. CHI 1992: Conference Proceedings Human Factors in Computing Systems, Conference: Monterey, CA, New York (ACM Press), May 3-7 1992: 627-634.

［38］Martin A R, Ward M O. High dimensional brushing for interactive exploration of multivariate data［C］. Proceeding of Visulization '95, 1995: 271-278.

［39］Mitchell Richard, Day David, Hirschman Lynette. Fishing for Information on the Internet［C］. Gershon Nahum, Eick Stephen G, eds. Proceedings of IEEE Information Visualization 1995, Conference: Atlanta, GA, October 30-31 1995. Los Alamitos, CA (IEEE Computer Soc. Press, October 30-31 1995: 105-111.

［40］Multidimensional scaling［EB/OL］. http: //www. cis. hut. fi/~sami/thesis/node15. html.

［41］Munzner T. Drawing large graphs with H3 viewer and site manager［C］. Proceedings of Graph Drawing'98, Montreal, Canada, 1998.

［42］Novak J D, Gowin D N. Learning How to Learn［M］. New York: Cambridge University Press, 1984.

［43］Parallel coordinates ［EB/OL］. http: //catt. okstate. edu/jones98/parallel. html.

［44］Pejtersen Annelise M. A Library System for Information Retrieval Based on a Cognitive Task Analysis and Supported by an Icon-Based Interface［C］. Belkin Nicholas J, van Rijsbergen Cornelis J, eds. SIGIR 1989: Proceedings of the 12th International Conference on Research and Development in

Information Retrieval. Conference: Cambridge, MA, New York (ACM Press), June 25-28 1989: 40-47.

[45] Rao Ramana, Card Stuart K. The Table Lens Merging graphical and symbolic representations in an interactive focus + context visualization for tabular information[C]. Adelson B, Dumais S, Olson J S, eds. CHI 1994: Conference Proceedings Human Factors in Computing Systems. Conference: Boston, MA, New York (ACM Press), April 24-28 1994: 318-322.

[46] Rauber Andreas, Bina Harald. A Metaphor Graphics Based Representation of Digital Libraries on the World Wide Web: Using the libViewer to Make Metadata Visible[C]. Cammelli Antonio, Tjoa A Min, Wagner Roland R, eds. Proceedings Tenth International Workshop on Database and Expert Systems Applications. Conference: Florence, Italy, Los Alamitos, CA (IEEE Computer Society), September 1-3 1999: 286-290.

[47] Rheingans P, desJardins M. Assessing projection quality for high-dimensional information visualization[R]. Technical report, Univ. Maryland at Baltimore County, 2002: 1-29.

[48] Ribarsky W, Ayers E, Eble J, Mukherjea S. Glyphmaker: creating customized visualization of complex data[J]. IEEE Computer, 1995: 57-64.

[49] Robertson G G, Mackinlay J D, Card S K. Cone Trees: Animated 3D Visualizations of Hierarchical Information [C]. Proc. Human Factors in Computing Systems CHI'91 Conf., New Orleans, LA, 1991: 189-194.

[50] Robertson George G, Card Stuart K, Mackinlay Jock D. Information Visualization Using 3-D Interactive Animation[C]. Communications of the ACM, 1993(36), 4: 56-71.

[51] Roweis S, Saul L. Nonlinear dimensionality reduction by locally linear embedding[J]. Science, 2000(290): 2323-2326.

[52] Sammon J. W. A nonlinear mapping for data structure analysis[J]. IEEE Transactions on Computers, 1969(18): 401-409.

[53] Scatter Plot Matrix[EB/OL]. http://www.itl.nist.gov/div898/handbook/eda/section3/scatplma.htm.

[54] Scatterplot [EB/OL]. http://www.stat.yale.edu/Courses/1997-98/101/scatter.htm.

［55］ Self-Organizing Maps—Mathematical Apparatus ［EB/OL］. http：// www. basegroup. ru/neural/som. en. htm.

［56］Silva V, Tenenbaum J B. Global versus local methods in nonlinear dimensionality reduction ［C］. Neural Information Processing Systems 15 （NIPS'2002）, 2003：705-712.

［57］Silva V, Tenenbaum J B. Global versus local methods in nonlinear dimensionality reduction［EB/OL］. http：// web. mit. edu/cocosci/Papers/ nips02-localglobal-in-press. pdf.

［58］Spence R, Apperley M D. Data base navigation：an office environment for the professional［J］. Behavior and Information Technology, Vol. 1, No. 1, 1982：43-54.

［59］Tenenbaum J B, de Silva V, Langford J C. A global geometric framework for nonlinear dimensionality reduction［J］. Science, 2000（290）：2319-2323.

［60］Torgerson W S. Psychometrika［R］. 1952（17）：401-419. （The first major MDS breakthrough）.

［61］Tufte E R. Envisioning Information ［M］. Cheshire, Conn.：Graphics Press, 1990.

［62］Ward M O. XmdvTool：intergrating multiple methords for visualizing multivariate data［C］. Proceedings of Visualization '90, 1994：326-333.

［63］Wegmen E J, Luo Q. High dimensional clustering using parallel coordinates and the grand tour［C］. Proc. of Information Visualization, 1990：58-64.

［64］Wise J A, et al. Visual the Non-visual：Spatial Analysis and Interaction with Information from Text Documents［C］. Proceedings of 1995 IEEE Symposium on Information Visualization, IEEE Press, Los Alamitos, CA. 1995：51-58.

［65］Yamaguchi Tomoharu, Hosomi Itaru, Miyashita Toshiaki. WebStage：An Active Media Enhanced World Wide Web Browser ［C］. CHI 1997：Conference Proceedings Human Factors in Computing Systems. Conference：Atlanta, GA, March 22-27 1997. New York （ACM Press）, March 22-27 1997：391-398.

［66］方开泰. 实用多元统计分析［M］. 上海：华东师范大学出版社, 1989：291-321.

［67］何晓群. 多元统计分析［M］. 北京：中国人民大学出版社, 2004：

148-150.

[68] 马振华. 现代应用数学手册. 概率统计与随机过程卷[M]. 北京：清华大学出版社，2000：411.

[69] 秦寿康. 综合评价原理与应用[M]. 北京：电子工业出版社，2003：51-52.

[70] 任永功，于戈. 数据可视化技术的研究与发展[J]. 计算机科学，2004，(31)，12：92-96.

[71] 谭璐. 高维数据的降维理论及应用[D]. 国防科学技术大学，2005.

[72] 万中英，王明文，廖海波. 基于投影寻踪的中文网页分类算法[J]. 中文信息学报，2005，19(4)：60-67.

[73] 文燕平. WWW 信息检索可视化研究[D]. 武汉大学，2004.

[74] 杨峰. 信息可视化系统框架与关键技术研究[D]. 武汉大学，2006：126.

[75] 翟旭君，李春平. 平行坐标及其在聚类分析中的应用[J]. 计算机应用研究，2005，(8)：124-126.

[76] 张全伙，张剑达. 大信息空间的可视化方法[J]. 福州大学学报(自然科学版)，2001，29 卷(增刊)：11-14.

[77] 周晓峥，刘勘，孟波. 多维数据集的平行坐标表示及聚簇分析[J]. 计算机工程，2002，28(1)：94-95.